바다가 미래다

부강한 미래 한국, 바다에 답이 있다

바다가 미래다

초판 1쇄 발행　2012년 12월 5일

지은이 | 김동수
발행인 | 김은희
발행처 | 블루앤노트

등　록 | 제313-2009-201호(2009.9.11)
주　소 | 서울시 마포구 마포동 324-1 곶마루 B/D 1층
전　화 | 02)718-6258　　팩스 | 02)718-6253
E-mail | bluenote09@chol.com

ISBN　978-89-967462-5-6　03450

정가　20,000원

바다가 미래다

부강한 미래 한국, 바다에 답이 있다

金東洙

BN 블루&노트

머리말

우리 민족(民族)은 선사시대 요하(遼河) 지역에 둥지를 튼 것을 시작으로 진남포, 제물포(인천), 목포, 부산포, 염포(울산)…등 포구(浦口:항만)와 하천(河川), 해안(海岸)에 거주활동 지역을 만들어 나갔다. 그리고 바닷길(sea-lane)운송과 어업 등 바다와 관계를 갖고 오늘날까지 바다를 이용하고 극복하면서 국가를 발전시키며 살아왔다. 바다는 지구 표면의 약 70%를 차지하는 넓고 큰 수권(水圈)으로, 태평양 · 대서양 · 인도양의 해양(海洋)을 이르는 말이다.

역사는 세계 각국이 바다(길)를 어떻게 활용하고 활동하였는지에 따라 강대국의 순위가 바뀌어 나갔음을 보여준다. 바다를 통한 경쟁의 성패 여부에 따라 국가의 흥망성쇠가 결정되고 강대국이 차례차례 명멸해갔던 사실을 역사는 여실히 말해준다. 동양권의 당(唐)과 신라(新羅)는 일찍이 바다를 향해 나갔지만 서양권의 포르투갈, 스페인, 네덜란드, 영국 등 유럽 국가들은 소위 '지리상의 대발견'(The Great Discovery)이라는 이름 아래 아메리카 대륙, 동남아시아, 아프리카, 호주 등의 방대한 지역을 지배하여 나갔다. 육지(陸地)에서만 대국(大國)으로서 포효하던 중국 왕조(원나라, 명나라, 청나라 등)의 평균 수명은 217년 정도였다. 그 방대했던 육상의 소비에트연방 공화국(1922~1991)은 70년도 유지되지 못하고 해체되었다. 반면 미국은 해양국가를 표방한 이래 세계의 패권을 거머쥐며 나아갔고, 건국 235년을 지나고 있지만 여전히 장수(長壽)의 기틀을 유지하고 있다. 강대국 발전의 길은 육지의 실크로드(silk-road)가 아니라 해양의 바닷길(sea-lane)에 있었음을 웅변하고 있는 것이다. 드넓은 바다의 항로 개발은 곧 강대국 유지의 길이었다.

유럽의 해양 국가들은 15~17세기에 대항해시대를 열었다. 이 대항해시대에 동양에서는 일본이 바다를 통해 변화를 일으켰다. 제철혁명으로 제강기술이 발전했고 활 대신 조총을 사용했다. 당시 조선은 이 같은 바다 건너 세계의 거대한 변화를 잘 인식하지 못했다. 대륙세력인 중국의 눈치만 보며 살고 있다가, 먼저 해양국이 되어 해양세력을 일으킨 일본의 침략으로 급기야 국토가 36년 동안 유린당하는 쓰라림을 당하였다.

인류의 역사는 세계 화물의 해상운송 흐름이 세계 각국의 부(富)를 어떻게 형성시키고 이동시켰는지를 설명한다. 그래서 고대부터 해상운송의 화물량(貨物量)은 일국의 경제 수준을 가늠하는 지표가 되어오고 있다. 일찍이 미래학자 앨빈 토플러가 자신의 저서 『제3의 물결』에서 해양개발은 이제 우주개발, 미생물 및 생명공학 등과 함께 21세기 제3의 물결이 될 것이라고 예언한바 있으며, 오늘날 많은 선각자들도 '바다가 미래다'라고 설파하고 있다.

바다를 지향한 국가는 번영의 과실을 채취했으나, 바다를 소홀히 여긴 국가는 퇴보와 쇠망의 고통만을 얻었다는 것은 동서고금을 망라한 진리였다. 우리 역사도 바다를 통한 국가적 흥망(興亡)을 말하고 있다. 신라 고려가 해양을 통한 국제무역으로 발흥한 사실에서부터, 삼국시대 고려시대 조선시대에 걸쳐 일본 해적집단 왜구(倭寇)의 침략으로 많은 재물을 빼앗기고 수많은 백성들이 희생되던 일, 그러나 이순신 장군이 바다를 안전하게 잘 지켰기에 임진왜란을 승리로 이끌 수 있었던 일, 불과 100여 년 전 바다를 지키지 못한 조선은 결국 병인양요 · 신미양요 · 운요호사건 등 해적(海賊)같은 열강의 함포(艦砲)외교에 무릎을 꿇었던 일 등이 그것이다. 그러나 대한민국이 다시 바다에 관심을 갖고 해양력을 기르자 불과 60여 년 만에 마침내 세계 10위권의 경제대국이 되었다. 오늘날 우리의 해양능력(海洋能力)은 수출입 물동량, 조선수주의 규모, 원양어업 능력, 수산물 생산량, 컨테이너 해운 규모 등에서 세계 5~6위의 수준에 이르렀다.

『한국해양사』(韓國海洋史)는 우리나라 해운, 수산, 조선, 무역, 해군에 이르기까지 바다에 관한 역사적인 중요 사실을 총 망라해 논급한 귀중한 문헌이다. 명서문(名序文)으로 알려진 이 책의 머리말에서 최남선은 "우리는 이제 우리 국토의 자연적 약속에 눈을 뜨고, 역사적 사명에 정신을 차리고 또 우리 사회가 병들었던 원인을 바로 알고, 우리 국민이 잘 살게 될 방향을 옳게 깨달아서 국가민족 백년대계(百年大計)의 든든한 기초를 놓아야 한다."라고 역설했다. 최남선은 조선이 바다를 잊어버린 결과, "조선 국민의

웅대한 기상이 사라졌고", "조선과 그 인민이 가난하게 되었으며", "문약(文弱)에 빠져버렸음"을 통탄하고, 이러한 몇 가지 폐습은 실로 "반도국민(半島國民)으로서 바다를 잊어버렸기 때문"이라고 분석했다. 최남선은 우리민족이 역사적으로 해양족(海洋族)으로 살았을 때 번영했음을 상기시키며, 이렇게 서문을 통해 해양을 향한 진취적 도전을 후손들에게 촉구하고 있다. 오늘날의 우리들이 다시 귀담아 듣고 실천해야 할 통렬한 지적이 아닐 수 없다.

인류문명 자체가 강(江)으로부터 시작되어 연안과 바다로 나가면서 발전을 시작하였고, 지구 표면의 71%를 차지하는 바다는 대륙을 연결하는 하이웨이(Highway)역할을 했다. 실제로 바다에 연한 국가가 먼저 발달했고 바다를 제패한 민족이 세계를 제패했다. 그것이 세계의 역사다. 15~16세기에 포르투갈, 스페인, 영국 등 서구 제국은 '대항해시대'를 열고 개척하며 무역을 시작했다. 바다의 길은 육지의 길보다 수십 배 수백 배의 보상을 가져다주었다. 산과 강, 사막을 통과해야 했던 실크로드는 세계를 직접 하나로 연결하는 바닷길로 대체되면서 해상무역이 성황을 이루었기 때문이다. 바로 그 때 해적(海賊)이 나타나기 시작한다. 해양강국들은 당연히 자국의 선박을 보호하기 위해 해군(海軍) 강화 조치를 취하기 시작했다. 바다를 통한 침략과 바다를 타고 오는 국가의 '富'를 보호해야만 했기 때문이다.

우리 국토는 해양을 활용하여 융성한 어느 나라 못지않게 바다가 선사하는 수많은 이점을 쉽게 받아들일 수 있는 위치에 있다.

사실 우리는 하나님으로부터 천혜(天惠)의 축복을 받았다. 우리 한반도 해안권은 신의주 인천, 충청권, 전라권, 부산, 울산, 경남권, 경북권, 강원권, 함경권, 해안권역을 띠 모양으로 묶어놓고 보면 U자형의 해양벨트의 잠재력이 형성됨을 볼 수 있다. 이런 해안을 권역별로 특화된 해양산업을 육성한다면 세계를 향한 해양강국으로 나아가는 것은 손쉬운 일이다. 천혜의 항만 적합 지형, 세계를 직접 향할 수 있는 산업 물류 통로로서 거점 역할을 다할 수 있는 천혜의 지리적 이점은 완벽한 해양국가의 요건이 되고 있다. 현재 우리나라 조선산업(造船産業)이 세계 1, 2위를 다툴 수 있고, 해양수산업의 발전 잠재력은 무한하며, 바다로부터 얻을 수 있는 조력발전 같은 잠재에너지가 거의 무한한 것도 U자형 우리 해안 덕택이다.

최남선의 서문 몇 구절과 우리국토를 둘러싼 3면(三面)의 바다를 생각하면 지금 우리가 겪고 사는 정치 · 경제 문제에 대한 해법이 어디에 있겠구나! 하는 생각이 떠오를 것이다. 21세기 오늘날의 국가영토는 육지만이 아니고 해양영토까지를 포함한다. 한국은 1960년대 이후 땅을 넘어 바다 끝까지 찾아다니며 세계시장을 개척하고 또 대륙붕 등 바다영토를 확장했다. 그렇게 얻은 영토가 5대양 6대주에 미치지 않는 곳이 없다. 지금까지 대륙에 매달려 '꼬리국가'로 살아왔던 지난 역사를 청산하고 드넓은 바다를 향해 계속 세계를 향해 포효하는 '머리국가'로 거듭나고 있는 것이다. 동북아의 전략적 요충지에 위치하고 있는 우리 한국은 영원한 번영을 이끌어 낼 수 있는 21세기 신해양국(新海洋國) 전략을 세우는 일이 정말 시급하다.

지난 2006년 중국의 CCTV는 12부작의 역사 다큐멘터리 '대국굴기'(大國崛起)를 방영했다. 스페인 포르투갈, 네덜란드, 영국, 프랑스, 독일, 일본, 러시아, 미국 등 9개국이 어떻게 발흥(發興)하였는지, 그 과정을 다루면서 21세기는 해양굴기(海洋崛起)의 국가만이 세계를 지배할 수 있다고 역설했다. 오늘날 수출품을 적재하고 바다 너머 세계시장을 향하고 있는 중국의 선박과 군함은 그들의 각 항만에서 쉴 새 없이 입출항하고 있다. 그리고 중국은 마침내 G2국에 이르렀다. 그러나 해양굴기는 중국만의 목표가 아니다. 오늘날 한·일 간은 독도 문제, 중·일 간은 센카쿠열도(중국명 댜오위다오) 문제, 러·일 간은 쿠릴열도 문제를 둘러싸고 해양굴기의 분쟁이 한창이다.

"바다를 지배하는 국가가 세계를 지배한다"는 패권주의적인 구호를 들지 않더라도, 바다가 국부(國富)의 원천이라는 사실이 실감난다. 21세기 국가 번영의 길은 이제 해상운송통로(sea lane) 개발에서 뿐만 아니라 해저자원 개발, 해양에너지 개발 등으로 이어지고 있다. 바다는 새로운 자원과 재생에너지를 창출해 줄 무한한 원천이며 국가 미래를 위한 성장 동력이다. 이 때문에 200해리 이내의 대륙붕(大陸棚)을 둘러싼 국가 간의 갈등뿐만 아니라 지금까지 사람이 손길이 닿지 않았던 수심 7,000미터 이상의 심해에 대한 영역확보 경쟁도 심화되고 있다. 이러한 측면을 연구 개발하자는 진취적 자세, 곧 해양주의(海洋主義)가 급부상하고 있다. 해양주의는 과학성, 도전성, 안보성 측면을 특징으로 한다. 최근에 독도와 이어도에 대해 일본, 중국이 야욕을 보이고 있고 미 · 중 · 일이 남지나해의 군도(群島) 그리고 댜오위다오를 두고 해양대전(海洋大戰)의 위기까지 몰고 가는 상황에서 우리는 국민들의 바다의 중요성에 대한 인식 제고와 더불어 영해(領海) 방어의 자세를 긴하게 점검할 필요가 있다고 본다.

사실 우주에서 지구가 특별한 이유는 바다가 있기 때문이다. 대부분의 별이 거무튀튀한데 반해 지구는 바닷물에 의한 빛 굴절 때문에 한없이 투명에 가까운 푸른색을 띤다. 오직 지구(地球)에서 인간이 살 수 있게 해 준 일등공신은 바로 바다다. 생명체가 탄생하고 진화하고 존재하게 되었던 것이 바로 바다이고 생명이 존재할 수 있게 해준 원천(源泉)이 바로 바다다. 생물의 숱한 유기 화학반응이 대부분 물(바다)이 있어야 가능하기 때문이다. 이제 인류는 바다와 공존의 지혜를 발휘할 때다. 물이 기체 또는 고체로 순환함으로써 지구에 기후가 존재한다는 기본 사실부터 깨달아야 한다. 오늘날 그 기후에 이상(異常)이 생기고 있으니 그것도 인류가 손을 잡고 해결책을 찾아야 한다. 그 다음은 바다 오염문제이다. 바닷물이 오염되면 푸른 별 지구는 존재할 수 없게 되고 인류는 멸망한다. 바다는 전 인류의 생존 차원에서도 보호대상인 것이다.

이 책은 해양에 대한 도전 및 해양 이용과 활용 여하에 따라서 국가가 흥(興)하고, 망(亡)하였다는 역사적 사실을 다룬 해양 관련 역사서와 논문, 그리고 TV 뉴스해설, 특히 주요 일간지(동아, 조선, 중앙, 국민, 부산, 울산매일 등)에 게재된 여러 기사(記事)와 여러 분들의 기고문 (경희대 허동현 교수, 서울대 송호근 · 조경철 교수, 한국해양대 남기찬 · 김길수 교수, 이화여대 김영석 교수, 고려대 김일주 교수, 동북아연구소 이성근 이사장, 해군대학 박호섭 교수, 윤연 전 해군작전사령관, 김찬규 국제해양법학회 명예회장 등)을 참조하고 인용하면서 엮은 모음서다. 여러 전문가들의 의견을 취합하고 필자의 생각을 정리하면서 해양에 대해 무관심한 많은 국민들로 하여금, 해양이 곧 국가 미래(산업)의 성장 동력원이고 동시에 국가안보의 장(場)임을 강조하는 데 책 발간의 목적을 두고 있다. 나아가서, 오늘날 해양을 둘러싸고 긴박하게 돌아가고 있는 여러 사안들(예: 우리의 동서남해에서 지금 어떤 일이 있는지! 선진 각국은 최신 기술로 해저자원을 어떻게 개발하고 있는지! 등)에 대처하여 이를 헤쳐 나가기 위한 우리의 노력은 어떠해야 하는가에 대해 편저자 개인적인 생각을 역사를 조명하면서 엮은 신념이라고 할 수 있겠다.

여기에서 분명히 말해 두고 싶은 것은 저자의 불충분한 지식으로 특히 역사적인 사실이나 법(해양법 등) 소개에 있어 미비한 점이 있을 수 있음을 밝힌다. 오직, 일찍이 최남선이 지적한대로 "우리 한국의 미래는 바다에 있다"는 신념과 인식을 좀 더 많은 분들과 함께 하겠다는 의욕으로 부족한 점을 무릅쓰고 정리했으니 독자 여러분들의 폭넓은 이해를 바란다.

자료 수집에 협조해주신 한국해양대 김시화 교수, 현대중공업 김종배 상무, 해강선박 정연하 전무, 울산항만공사 김성열 과장, 그리고 원고를 감수해 주신 조돈만 전 경상일보 편집국장, 울산매일 김병길 주필, 복잡한 원고와 자료를 알기 쉽게 다듬어 준 블루앤노트의 김명기 편집주간 등 여러분들께 특별히 고마운 마음을 전한다. 아울러 사무실에서 틈틈이 원고 정리에 협조해주신 임현숙, 손선미, 엄은지, 김혜령 양에게도 감사의 말씀을 드린다.

2012. 11.

金 東 洙

차례

제2장 일본의 한국 해양침략 야욕

제8장 해양 신안보 시대

제1장

해양과 국가흥망

제1장 해양과 국가흥망

1. 고중세(古中世) 서양의 해적

(1) 블레셋

고대 히브리 문헌들은 4,000여 년 전 고대 이스라엘 민족이 가나안 땅에 정착할 때와 왕국시대 전반에 걸쳐 가나안 사람들과 수없이 전쟁했던 것을 기록하고 있다. 블레셋, 두로, 시돈, 모압, 에돔, 암몬, 아람 등 가나안 사람들 중에 이스라엘과 가장 많은 접전을 벌였던 종족은 바다의 무법자인 블레셋인이었다. 그들의 대표적인 주거 도시는 가사, 아스돗, 아스글론, 가드, 에그론 등의 지역으로 이스라엘의 남서쪽 해안가였다. 이들이 살았던 땅을 히브리어 성경은 펠레쉐트(Peleshet)라 불렀고 우리 말 성경은 블레셋으로 번역했다.

고대 히브리 문헌에는 블레셋 사람들이 이집트 지역의 가슬루힘에서 왔다고 기록하고 있지만 성경(아모스)에는 이들이 '갑돌'(크레타섬)에서 왔다고 기록하고 있다. 역사학자들은 호머의 서사시에서 이야기하고 있는 것처럼 기원전 12세기경 에게해 지역의 정치적, 경제적, 기후적 혼란으로 인해 새로운 땅을 찾아 떠난 사람들이 있었음을 증명했고 그들 중에는 에게해 크레타 섬이 고향인 사람들이 있었음을 말한다. 이들 일부가 이집트의 나일강 하류 지역을 공격했다고 전해지고 있다. 고대 이집트 람세스 3세의 카르낙 신전 벽화에는 테커, 데이엔, 세르덴, 베쉐시, 그리고 블레셋이라 불리는 이들 바다 무법자 '해적'들과의 전쟁인 해전 장면이 묘사되어 있다. 람세스 3세가 그들을 나일강에서 몰아냈다고 전해진다. 그 후 블레셋 사람들은 기원전 1200년 전후까지 이스라엘 해안에 정착하면서 해적질로 이스라엘을 괴롭혔다.

고대 블레셋인들의 주활동지인 지중해 동부해안

이스라엘 사람들은 오랫동안 그들 블레셋을 팔레스티나 또는 팔레스타인이라 불렀다. 이 명칭은 이들이 이스라엘인들을 무척

괴롭혔다는 뜻을 갖는다. B.C 732년 아시리아가 이집트까지 원정해 왔을 때 에게해 해안에 살았던 블레셋은 소규모의 도시국가로 살아남았다. 그들은 아시리아의 속국으로 살면서 남왕국 유다와의 경계선상에서 영토전쟁을 하고 기원전 8~7세기 에그론은 올리브유 생산으로 생긴 부(富)로 도시를 확장하고 거대한 신전도 세웠다. 그러나 이들은 점차 역사에서 사라져갔다.

> "가사가 버리우며 아스글론이 황폐되며 아스돗이 백주에 쫓겨나며 에그론이 뽑히우리라. 해변 거민 그렛 족속에게 화 있을 진저 블레셋 사람의 땅 가나안아! 여호와의 말이 너희를 치나니 내가 너를 멸하여 거민이 없게 하리라"(스바냐 2:4~6)

성경에 기록되어 있는 이들에 대한 예언이다. 그 후 B.C 586년 블레셋은 남왕국 유다와 함께 바빌론의 손에 완전히 초토화되었다. 점령자 바빌론은 블레셋의 도시를 잔혹하게 불태워 버렸고 유다 국민들에게 한 것처럼 그들도 포로로 끌고 갔다.

하지만 유다인과는 달리 그들은 다시 그들의 주거지로 돌아오지 못했다. 결국 그들은 세계사 속에서 사라져 버렸다. 하지만 그들이 살았던 지역은 B.C 1세기 전후에 걸쳐 헬라어 필리스티아 혹은 팔레스티아(블레셋 사람의 옛 땅)로 불렸다.

이와 같은 역사를 제대로 인식을 하지 못한 일부 사람들은 고대의 블레셋과 오늘의 팔레스타인을 혼동하면서 오늘의 팔레스타인을 마치 다윗의 적이었던 블레셋 사람들로 여기고 미워하지만 해적질을 했던 고대 블레셋 사람들은 현재의 팔레스타인은 아니다. 블레셋이라는 호칭은 서구사회에서 지금까지 무지(無知), 무례(無禮), 무법(無法) 심지어 악한 사람을 가리키는 메타포(隱喩語)로 쓰이고 있다.

이스라엘의 가이사랴(Caesarea, 케이세리아) 항은 헤롯대왕 이후 등장한 역사적 항구도시다. 지중해변의 항구도시들 중 신약시대의 대표적인 항구는 단연 가이사랴였다. 베드로와 고넬료의 만남(행 10장), 그리고 지중해를 항해하여 로마로 압송되기 전 바울의 재판과 증언(행 25장) 등 기독교 복음의 중심지가 된 가이사랴는 이스라엘, 로마 그리고 열방의 영적인 전초기지였다. B.C 30년경부터 가이사랴는 로마 군대의 주둔지가 되었으며(행 10장), 헤롯대왕도 그의 안식처를 그곳에 마련(palace)하기도 했다(행 12:19).

가이사랴는 지중해변에 위치한 해양 도시로 이스라엘의 어제와 오늘이 어우러진 아름다운 휴양지이자 국립공원으로 수많은 사람이 찾는 명소다. 가이사랴의 아름다움은 이스라엘의 역사가인 요세푸스의 글에도 상세히 묘사되어 있다. 가이사랴가 이렇게 번성할 수 있었던 것은 헤롯대왕이 지형적 악조건을 딛고 이곳에 300여 척의 배를 한 번에 정박할 수 있는 10만㎡ 규모의 항구를 건설하였기 때문이다.

블레셋과 바다의 교통로와 해변, 항구의 중요성을 성경에서 기록한 것만 보아도 인류가 바다와 깊은 관계를 갖고 있음을 미루어 알 수 있다.

(2) 사라센

해적(海賊, Pirate)은 블레셋 사람들에서 보듯이 참으로 오랜 역사를 가지고 있다. 해적의 이름으로 불리운 자, 또는 그 집단들은 해역에 따라 다양하였으나 큰 세력의 해적이 활동한 곳은 주로 해상무역의 요로(要路)였다는 것이 공통이다. 해적은 노획 · 퇴피(退避)에 편리하고 약탈물을 처분하기 쉬운 좁은 해협지대나 도서군 등의 해로를 거점으로 하여 상선을 습격하고 해상질서를 어지럽혔고 나아가 그 국가까지 침입하여 역사의 진행에 많은 악영향을 끼쳤다.

고대 서구 해양의 주요 항로에는 해적들이 많았다. 8세기 말~11세기 초 북유럽 해안으로 유럽 · 러시아 등에 침입한 노르만족(북게르만족) 바이킹은 대표적인 해적이다. 원래는 덴마크에 걸쳐 많이 있는 협강(vik, 峽江)에서 온 자란 뜻이다. 그들은 무자비한 침입, 싸움, 약탈을 일삼았기 때문에 공포의 대상이었다. 그러나 그들의 해적행위는 민족이동뿐만 아니라 전투, 정복, 탐험, 식민, 교역 등 다양한 활동을 초래하기도 하였다. 그러나 근년에 유적, 유물의 발굴과 조사 및 여러 과학의 종합적 연구에 의해 파괴적인 바이킹관(觀)은 상당히 수정되어지고 중세 유럽사의 전 영역에 커다란 영향을 준 장대한 운동으로 보기도 한다.

그러나 남유럽의 그리스 해안 쪽의 해적들은 달랐다. 카이사르도 해적들에게 납치된 적이 있었는데 해적들은 카이사르의 몸값으로 20달란트를 불렀다. 이 액수는 거의 병사 20명의 1년 치 봉급 정도였는데 카이사르는 자신의 몸값이 너무 적다고 스스로 50달란트로 올렸다는 일화가 있다. 물론 카이사르는 몸값을 지불하고 풀려난 후 해적들을 모두 소탕했다. 남유럽의 해적들은 오직 빼앗고 점령하는 점에서 북유럽 해적 바이킹과 달랐다.

팍스-로마나(로마제국에 의한 평화)가 무너진 뒤 한동안 무질서한 지중해를 지배한 것은 이슬람 해적이었다. 아라비아 반도에서 발흥한 이슬람 세력은 7세기 이후 주변 지역을 급속도로 정복했다. 635년 비잔틴제국의 주요 도시 가운데 하나였던 다마스쿠스를 빼앗았고 670년에는 오늘날 튀니지의 수도인 튀니스에서 남쪽으로 150km 떨어진 곳에 '카이루안'이라는 이름으로 북아프리카 최초의 아랍인 도시도 건설했다. 이어 이슬람 해적은 북아프리카로 진출하고 마침내 지중해 건너 유럽으로 눈을 돌렸다. 유랑민으로 살아온 아랍인으로서는 농사일 보다 손쉽게 이익을 얻을 수 있는 해적 활동이 더 매력적 이었던 것이다.

지중해 건너편의 기독교도들은 이들을 사라센(saracen)이라 불렀다. 이 용어는 원래 중세 유럽인이 서아시아의 이슬람교도를 부르던 호칭으로서 고대에는 그리스 · 로마에 살던 라틴문화권 사람들이 시리아 초원의 유목민을 사라세니(saraceni)라고 부른 데서 연유하였다. 이 때문에 이 호칭은 그 후 7세기 이슬람 발흥 이후에 비잔틴제국 사람들이 이슬람교도들을 하시(下視)하는 용어로 사용하였다. 이슬람의 해적은 무자비했다. 해적질을 성전(聖戰)이라 미화하고 침략을 일삼았다.

그래서 사라센 해적의 위협에 시달렸던 중세 특히 지중해 해안지방 주민들은 해적선의 습격을 빨리 발견해 달아날 수 있도록 바다를 널리 바라볼 수 있는 지점에 망루를 세우고 감시했는데, 이탈리아에서는 이를 토레 사라체노(사라센의 탑)라고 불렀다. 지금도 이탈리아에는 이런 망루들이 남아있다.

서양 바다에서 사라센과 바이킹이 대표적인 해적이었다면 동양 바다에서는 일본 왜구(倭寇)가 대표적인 해적이었다. 지금은 중동의 아덴만 해역과 말라카 해협 그리고 항만에 정박 중인 선박을 상대한 생계형 강도적들이 잔존하고 있다. 아프리카 동북부의 소말리아 근해(아덴만 등)에서는 15세기부터 포르투갈과 스페인도 이 해역의 해적 때문에 골치 아파했다. 인도네시아와 인도에서 향료를 가득 싣고 희망봉을 돌아 유럽으로 가려면 반드시 이곳을 통과해야 했기 때문이다. 근세에 들어 수에즈 운하를 건설한 뒤부터 소말리아 동쪽의 아덴만은 연간 20여만 척의 선박이 항해하면서 더욱 핵심 요충 해역이 되었다. 17년여 동안이나 무정부 상태로 내전(內戰)을 겪고 있는 소말리아에서는 젊은이들이 해적이 되어 한탕해서 부자가 되는 것이 꿈이기에 주의해야 할 해역이다. 우리 해군은 소말리아 해역에 원유 운송선 등 한국의 유조선과 상선대를 보호하기 위해 파견되어 있다.

(3) 베네치아의 발흥

베네치아(Venezia, Venice)는 이탈리아 동북부의 아드리아해에 임한 도시 베네트에서 약 4km 떨어진 밀집한 작은 섬들 위에 대운하를 중심으로 특수한 형태의 항만도시로서 발전하였다. 중세기부

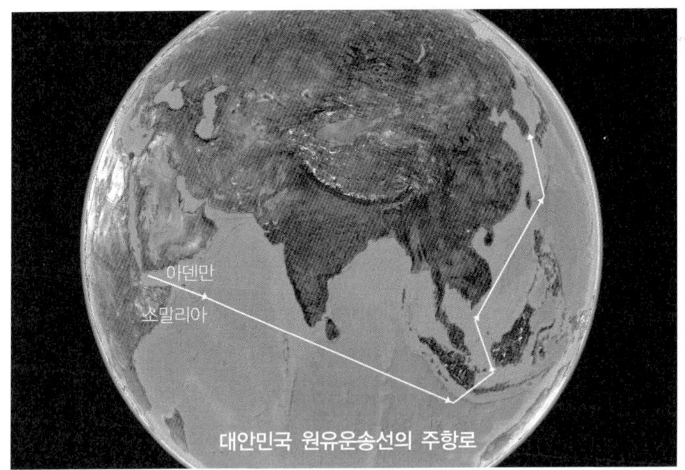

아덴만과 우리나라 원유수송선의 항로

터 지중해와 접촉할 기회가 많아 비잔틴 등 동방 기원의 각종 문화가 풍부히 수입되었다. 15세기에 피렌체와 더불어 상업이 번영하고 예술이 꽃피워진 르네상스 발상지 중의 하나이다. 당시 이곳 항구에 들어선 이방인들은 도시의 황홀함에 현기증을 느낄 정도였다. 수많은 갤리선(노를 주로 쓰고 돛을 보조적으로 쓰는 군용선)과 예인선이 온갖 물건들을 항구에 쏟아냈다. 카펫, 비단, 생강, 모피, 과일, 후추, 유리, 생선 등이 그것이었다.

베네치아가 해상지배자로 날개를 펴기 시작한 것은 '오르세올로의 출항'에서부터 비롯된다. 서기 1000년의 예수 승천일, 베네치아의 걸출한 도제(국가원수) 피에트로 오르세올로 2세가 아드리아해의 해적들과 한판 전쟁을 위해 바다로 나섰다. 해상무역의 본거지 지중해로 안전하게 나가는 길을 뚫기 위해서였다. 그 후 동인도항로 발견으로 중계무역이 쇠퇴하기까지 베네치아의 국가 발흥이 진행된다.

베네치아는 원래 습지대였다. 6세기경 훈족(몽골족)의 습격을 피해 온 이탈리아 본토 사람들이 간척을 시작하여 도시를 건설했다. 하지만 사람이 살 곳이 못됐다. 석호(潟湖)에서 나는 숭어와 장어, 그리고 염전 외에 베네치아가 생산하는 것은 아무 것도 없었다. 밀과 목재는 전혀 생산하지 못했으며, 육류도 거의 생산하지 못했다. 이런 상황에서 그들이 눈을 돌린 곳이 바다였다. 바닷길을 이용한 무역에서 살길을 찾았다. 그들에게 도약할 기회가 왔고 그 기회를 놓치지 않았다. 바로 4차 십자군전쟁이었다. 당시 십자군이 이탈리아 서부 항구도시 제노바 등과 거래해 온 무기와 식량 공급 계약을 베네치아 상인들에게 의뢰했던 것이다.

베네치아 선박들은 14세기 초부터 정해진 항로를 시간표대로 오갔다. 항해의 연중 패턴은 계절의 주기를 따랐다. 인도 대륙에서 불어오는 몬순(계절풍)을 이용해 동방에서 북해(北海)로 상품과 금을 운송했고, 서쪽으로 가을바람이 부는 9월이 되면 인도에서 향료를 싣고 아라비아반도로 출항하는 식이었다. 배송을 예측할 수 있게 되면서 1418년부터는 야파(Jaffa, 이스라엘 텔아비브 구에 속한 항구 도시)로 가는 순례자 운송도 장악했다. 환전과 도량형 외국어, 통역에 대한 실용적인 정보가 오가면서 이윤은 점점 더 커졌다.

당시 제노바도 비슷한 조건이었다. 그들도 역시 바다에 의존했다. 선박 건조에 필요한 목재는 충분했지만 비옥한 농경지가 없었기 때문이다. 그들도 가난에서 벗어날 수 있는 유일한 탈출구가 바다라고 생각했다. 실제 1차 십자군 전쟁 동안 레반트 무역(지중해를 통과하는 동방무역)을 먼저 차지한 것은 제노바였다. 그러나 정치적 기질 차이가 두 도시의 승패를 가른다. 베네치아인들은 정부의 자원 통제를 받은 반면 제노바인들은 개인주의가 강했다. 그들은 1492년 신대륙 아메리카에 발을 디딘 제노바 출신 선원 콜럼버스 같은 해양 스타를 배출했지만 그런 해양 인재를 활용하지 못했다.

베네치아는 1204년 십자군의 콘스탄티노플(현 이스탄불) 함락 이후 욱일승천했다. 제노바와 달리 베네치아 상인들은 선박에 적금색 사자 깃발을 달고 온 세계 바다를 누비면서 계속 발전했다. 셰익스피어의 그 유명한 소설『베니스의 상인』에서 무역가 안토니오와 수전노 샤일록의 활동무대가 베네치아(베니스)가 된 것을 보아도 당시 베네치아를 상상하기에 충분하다. 척박한 석호(潟湖)에 흩어진 118개의 작은 섬들, 진흙벌에 참나무 말뚝을 박고 건물을 세어 이뤄진 '물의 도시' 베네치아가 11세기부터 16세기까지 창출한 부(富)는 전적으로 선박이 바닷길을 통해 실어 왔던 것이다. 그러나 그 후 바스코 다 가마가 1499년 인도에서 희망봉을 돌아 포르투갈로 돌아오자 베네치아는 곤두박질친다. 해양 패러다임의 전환으로 해양패권 양상이 바뀌었기 때문이다.

베네치아 깃발의 황금 사자 문양

(4) 포르투갈의 대항해

15세기 대양항해(大洋航海)에 처음으로 도전한 나라는 포르투갈이다. 포르투갈은 15, 16세기에는 브라질, 인도 및 아프리카 연안 등의 해양 탐험에서 선두 주자로 등장하면서 제해(制海) 패권을 두고 스페인과 경합하기도 하였다. 그러나 1580년 왕가의 분규로 스페인에 합병(1580~1640)되었고, 이후 영국과 프랑스의 도움으로 독립하였다.

남한 면적 크기의 포르투갈은 천연자원이 없어 밀과 올리브만을 생산하는 이베리아반도의 작은 나라였다. 그들은 생존을 위해 바다로 나가야 했다. 당시 대양항해에 도전한 엔리케왕자는 항해학교를 창설하여 많은 해양인재를 양성하였다. 콜럼버스, 디아스, 바스코 다 가마, 마젤란 등이 이 항해학교 출신이다. 이 학교는 15~16세기 초까지 중요한 세계대양의 항로와 해양 탐험의 새로운 욕망의 원동력이 되었다. 마침내 디아스는 1487년에 희망봉을 발견하였고, 같은 해 콜럼버스가 아메리카 대륙(서인도 제도)를 발견하였다. 바스코 다 가마는 1499년에 아프리카 서해안에 대한 측량을 완료하며 인도 항로를 발견하였고, 발보아는 1513년에 태평양을 발견하고 카리브해에서 파나마 지협을 횡단하였다. 마침내 1522년 마젤란은 최초로 세계일주 항해를 성공하고 마젤란 해협과 태평양이라는 이름을 명명하였다. 마젤란은 태평양에서 최초로 수심도 측량하였다. 이러한 여러 해양 탐험과 항해를 위한 가장 중요한 목적의 하나는 아시아의 무역항에 이르는 새로운 항해 뱃길을 개척하는 일이었다. 그 후 16세기 초에는 폰스디레올이 걸프 해류를 발견하고 관측하였으며, 16세기 말엽까지 고위도 지방을 제외한 거의 전 세계의 주요 대륙에 대한 지도를 완성하였다.

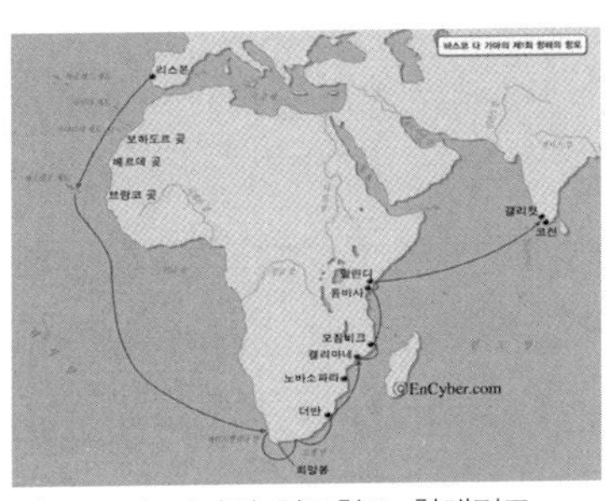

바스코 다 가마의 인도항로 항해경로

1498년 인도항로를 처음 발견하고 초대 인도총독이 된 바스코 다 가마는 인도와 인도네시아에서 유럽으로 향료를 내다 팔기 시작하였다. 그 당시 향료는 금보다 더 가치가 있었다. 1500년 카브랄이 브라질을 발견하고부터는 커피, 설탕, 목재 등을 실어 나르기 시작했다. 마침내 인도양과 인도네시아에서 향료 무역을 독점하고 있는 포르투갈을 이슬람국가들이 괴롭히기 시작했다. 동아프리카 여러 나라와, 아라비아, 인도 등의 해적들이 준동하기 시작한 것이다. 마다가스카르는 인도양과 홍해를 아우르고 있었기 때문에 이곳의 섬들은 해적들의 소굴이 되었다. 이때 포르투갈 사람들이 해적 퇴치를 위해 발명해 낸 것이 바로 선박에 장착한 이동식 대포였다. 실제로 바스코 다 가마가는 20문의 대포를 장착한 작은 선박으로 신항로를 개척하고 인도를 점령했다. 대포 한 방에 해적들은 손을 들었고 거대한 인도를 점령한 것이다. 해적들은 감히 포르투갈 선박에 접근 할 수 없었고 게다가 포르투갈 정규 해군이 이들을 감시했다.

포르투갈은 한 술 더 떠서 다른 나라 선박들을 해적선으로부터 보호해주는 대가로 통행세(通行稅)를 받으면서 막대한 이익까지 챙겼다. 아프리카 연안과 인도양 그리고 말라카해협은 자연히 포르투갈이 장악하게 되었다. 그 당시 포르투갈 사람들은 중국으로 항해하면서 중국 선박과 중국 연안을 침략하는 해적(선)들을 퇴치해주었다.

1557년 중국의 명나라 황제는 해적 정벌을 위한 공적으로 포르투갈에 마카오(Macao)의 거주권을 허가해 주었다. 당시 중국은 중화사상에 젖어 바다를 이용한 교역을 금(禁)하는 참으로 어처구니없는 정책을 펴고 있었다. 포르투갈은 이 점을 활용해 마카오를 일본과 대유럽무역의 전진기지로 삼았다. 포르투갈의 중개로 중국의 비단과 도자기는 유럽과 일본으로 건너갔고 일본과 멕시코, 유럽의 은과 금은 중국으로 넘어오게 되었다. 그 후 포르투갈은 청나라 시대부터 마카오를 포르투갈령으로 다스리면서 부를 끌어모았고, 그 지배는 1999년까지 계속되었다.

(5) 스페인과 콜럼버스

콜럼버스가 살았던 15세기는 공식적으로 천동설(天動說)의 시대다. 하지만 천문지리학과 지도학 등의 발전 덕분에 지구는 네모가 아닌 공처럼 둥근 모양을 하고 있다는 게 상식이 되어가던 시대이기도 했다. 그래서 대서양을 서쪽으로 항해하면 섬이나 육지를 발견하게 될 거라는 이야기는 당시만 해도 콜럼버스만의 생각은 아니었다. 그것을 실행에 옮기려는 사람은 콜럼버스 외에도 여러 사람이 있었다.

그렇다면 무엇이 역사의 승자와 패자를 갈랐을까? 1491년 말

스페인 여왕 이사벨 1세 앞에선 제노바인 콜럼버스는 "대서양을 가로질러 새로운 육지를 발견하겠다."고 제안한다. 그는 스페인 여왕의 감성을 한껏 자극한다.

> "항로 개척에 상대적으로 뒤처진 스페인으로서는 아프리카를 우회하는 동방 항로에 한발 늦게 뛰어들어 보았자 포르투갈을 결코 따라잡을 수 없습니다. 저는 스페인이 기사회생할 수 있는 확실한 계획을 갖고 있습니다. 서쪽으로 우회해 가는 동방항로를 개척하는 일이 그것입니다. 무엇보다 황금의 나라 지팡구를 목표로 삼아야 합니다.…"

당시 스페인은 '지리상의 대발견' 경쟁에서 포르투갈에 뒤쳐져 있었다. 그러면서도 황금의 나라 지팡구(Zipanggu)에 대한 환상에 있었다. 지팡구는 서양인 최초로 중국(원나라)를 찾았던 마르코 폴로가 쓴 『동방견문록』에서 금(金)이 많은 나라 일본을 지칭해 쓴 용어다. 이 나라에선 왕의 궁전이 지붕에서 바닥, 창문에 이르기까지 온통 금으로 장식돼 있다고 하였으니, 얼마나 동경했겠는가!

그는 이탈리아 제노바 출신 뱃사람에 불과했지만, 이미 포르투갈어를 익힌데 이어 스페인어까지 짧은 기간 내에 습득했다. 또 그 분야에 정통한 학자들과 당당히 논쟁을 할 수 있는 해양 이론에 대한 실력도 갖추었다. 그가 항해술 공부에 매달리며 귀중한 정보를 얻은 서적들은 지금도 스페인 세비야의 콜럼버스 도서관에 잘 보존돼 있다. 마르코 폴로의 1458년 라틴어판 『동방견문록』, 1483년에 나온 프랑스 지리학자 피엘 다이의 『세계상』, 로마 교황 비오 2세의 1477년 도판 『세계지』 등이 그것들이다. 『동방견문록』과 『세계상』의 여백에는 콜럼버스가 직접 쓴 메모가 지금도 남아있다.

마침내 자신감과 실력을 갖춘 그는 스페인왕을 상대로 엄청난 성공 보수를 요구하는 배포 큰 협상을 한다. "새로운 항로의 항해에서 발견된 섬들과 대륙의 총독으로 임명할 것. 그곳에서 토지 특히 교역을 통해 얻게 되는 금, 은, 진주, 보석, 향료 등 모든 상품 가격의 10%를 자신의 몫으로 인정할 것" 등등이다. 일견 무리해 보이는 콜럼버스 요구였지만 후발주자인 스페인 여왕의 조바심을 간파했기에 협상은 이루어졌다.

사실 콜럼버스와 마젤란이 처음으로 신항로에 대한 계획을 설명하고 지원을 요청한 것은 스페인이 아닌 포르투갈이었다. 그러나 포르투갈 국왕은 이를 거절했다. 그 후 콜럼버스는 스페인의 이사벨여왕에게 도움을 요청하고 승인을 받은 것이다. 이사벨여왕이 콜럼버스에게 건 과감한 도박으로 스페인은 이후 400년 동안 세계 역사를 지배하며 부흥을 이끌었다. 콜럼버스의 성공으로 이사벨은 대박을 맞은 것이다. 대서양을 횡단하여 서쪽으로 항해하면서 콜럼버스는 신대륙을 발견했고 마젤란은 3년여의 긴 항해 끝에 남미 남단을 지나 필리핀 등 새로운 대양을 발견하게 되었다.

스페인은 커피, 설탕, 금, 은 등 무진장한 천연자원을 멕시코와 미국으로부터 실어 날랐다. 카리브해를 항해할 때는 군함의 호위를 받으며 지나갔다. 유명한 카리브 해의 해적들로부터 선박의 안전항해를 보호받은 것이다.

해상운송로를 보호하기 위하여 이들은 이때부터 군함을 이용하였다. 이러한 선단호송으로 스페인은 300년 동안 외국함선이나

스페인 함대

해적으로부터 단 한 척의 선박도 잃은 적이 없었다.

1492년 12월 12일 콜럼버스가 대서양을 건너 처음 육지에 상륙한 후 행한 의식은 그 땅이 이제 스페인 국왕의 소유라고 선언하는 의식이었다. 콜럼버스는 그날 일지(日誌)에 이런 글을 적었다.

> "자신들이 들은 것을 아주 빨리 되뇌어 말하는 것을 보니 그들은 똑똑한 하인(下人)이 될 것이다. … 내가 다시 떠날 무렵에 그들 중 여섯 명을 잡아서 국왕전하께 데리고 가서 말하는 법을 가르칠 것이다"

언필칭 신대륙 원주민의 미개를 깨우치겠다는 것이었다. 콜럼버스의 생각대로라면 현지 주민들의 언어는 언어도 아니었다. 하지만 원주민 입장에서 보면 콜럼버스 일행은 고대의 블레셋이었고 사라센 같은 해적이었을 뿐이다.

2. 해양을 외면한 국가의 멸망사

(1) 청(淸)의 멸망

영국은 바다를 이용하여 국가의 부(富)를 이룩한 포르투갈과 스페인을 보며 새로운 항로를 개척하는 것만으로도 강대국이 될 수 있음을 굳게 믿었다. 엘리자베스1세는 영국 함선의 해적 행위가 국가경제에 매우 큰 역할을 하는 것을 인정할 정도였다. 당시 해상무역과 해양탐험은 해적들과 불가분의 관계에 있었고 그래서 영국 왕실은 합법적인 마피아나 다름없었다. 이는 또한 영국인들로 하여금 앞 다투어 해상 약탈과 무역 행렬에 나서게 하였다.

해적과 사략선(Privateer:전시에 적선을 나포하는 면허를 가진 민간의 무장선)은 자연스럽게 영국 해군 시스템의 발전을 가져왔고 방어 위주의 소규모 해군에서 강한 대규모 해군 체계로 옮겨가는 촉매제가 됐다. 사략선은 노획을 통해 이득을 가져왔고, 정부는 사략선으로부터 권리비와 세금을 거뒀다. 해적 활동에서 얻은 수익은 동인도회사와 초기 아메리카 식민지 건설에 사용되었다.

해적 활동으로 제일 수익을 많이 올린 사람이 소위 해적왕(海賊王)이라고 일컫는 드레이크였다. 마젤란은 3년여의 긴 항해 끝에 세계일주 항해를 시도했으나 그는 불행하게도 항해 도중 필리핀에서 원주민에 의해 살해당했고, 살아서 세계일주 항해를 처음으로 성공한 사람은 드레이크였다. 1580년 엘리자베스 여왕은 드레이크가 세계일주 항해를 마친 뒤 향료와 보석을 싣고 귀국 했을 때 직접 배에 승선하여 드레이크에게 기사(騎士) 작위까지 수여하였다. 여왕은 드레이크가 선물한 에메랄드를 자신의 왕관에 박아 넣으면서까지 세계일주 항해를 축하해 주었다. 후에 드레이크는 제독으로 임명되어 1588년 스페인의 무적함대와의 결전에서 부지위관으로 임명되어 무적함대를 격침시켰다.

그러나 영국선박도 다른 나라 해적들로부터 피해를 보는 일이 발생했다. 해적의 나라가 다른 해적들과 싸우게 된 것이다. 영국인들은 처음에 개별 선박에 무장을 하여 대응하였으나 상인들의 끈질긴 요구에 해적 토벌 임무를 해군에게 맡겼다. 마침내 영국은 세계에서 가장 넓은 북미와 남미 전 지역의 바다를 장악한 국가가 되었다. 세계사의 각 시대는 서구 해양 강국들이 해양을 통해 국력을 해외로 확대해 나갔음을 보여준다. 특히 조선력(造船力)이 발전되면서 많은 선박을 건조하고 상선대(商船隊)와 군함를 조직한 후, 상선대는 세계 해양을 누비면서 세계시장을 점령했다. 이때 해군은 이들을 호위했다.

이 시기에 중국은 어떠했을까? 중국은 바다를 외면했다. 명(明)나라에 이어 중국을 지배한 청(淸)나라는 바다를 본 적이 없는 북방의 기마(騎馬) 민족인 만주족이 세운 나라다. 청나라는 해양의 중요성을 간과했고, 해군을 아예 없애버렸다. 국가재정 부담이 크다는 것이 이유였다.

대륙국가 중국은 자신들이 세계의 중심에 있으면서 가장 문명국이며 잘 사는 나라로 자부해왔으며 농경시대를 대표하는 선두 주자였기에 바다로 나갈 필요가 없다고 생각했다. 모든 것을 육지에서 말을 타고 다니며 해결하면 된다고 생각했다. 그러다가 아편전쟁을 치르면서 서양의 작은 섬나라 영국 해군에게 무릎을 꿇고 만다.

그들은 바다의 중요성을 깨닫지 못한 것을 후회했지만 뒤늦은 후회였다. 중국의 비극은 1840년 해양 강국 영국과의 아편전쟁, 1894년 일본과의 전쟁에 패하면서 영국에 홍콩을 할양하고, 항구를 강제 개항해야만 했고 유구(流球)열도(오키나와)는 일본에게 갈취당했다. 유구열도는 역사적으로 중국의 속지로 되어있던 땅이었다.

일본의 오키나와 점령 속내를 간파한 것은 미국이었다. 미국의 그랜트 대통령은 청나라 리홍장(李鴻章)을 만나러 태평양까지 건너가 "오키나와가 일본 손에 들어가면 아시아 패권은 중국에서 일본으로 넘어간다"고 경고했다. 그러나 이홍장(李鴻章)은 "섬 몇 개로 패권이 바뀐다니 무슨 말이냐"고 무시했다. 이 오판이 20세기 중국과 일본의 운명을 갈랐다. 오키나와를 확보한 일본은 1894년 청일전쟁, 1910년 조선병합, 1937년 중일전쟁을 잇따라 감행했고 대륙 전체가 일본에 짓밟혔다.

중국이 뒤늦게 배운 것은 소국들이 대국으로 굴기한 스페인, 네덜란드, 영국, 프랑스, 일본 등의 공통점이 바다에서 부(富)를 획득하여 군사강국이 됐다는 사실이다. 중국인들은 마침내 해양굴기(海洋崛起) 없이는 군사대국이 될 수 없음을 알았다.

오늘날 중 · 일 분쟁 중심 해역의 센카쿠열도는 우리가 독도(獨

島)를 실효적으로 지배하고 있듯이 일본이 지배하고 있다. 그러나 중국은 오늘에 와서 이 지역은 지리적으로 중국에 가깝고 역사적으로 일본이 제국주의 침략 과정에서 중국으로부터 빼앗아간 섬이므로 당연히 2차 대전 후 중국에 반환됐어야 마땅하다고 주장하고 있다. 이 섬 주변의 동지나 해역에는 엄청난 석유와 가스가 해저에 매장(약 1,095억 배럴)되어 있기 때문이다. 중국으로서는 13억 명이란 인구를 먹여 살리려면 센카쿠 영해의 자원 확보는 국가적인 대사다.

(2) 해양 과욕국으로 변한 중국

오늘날 중국의 주향해양(走向海洋), 해양굴기(海洋崛起)는 지난 시대에 대한 분풀이를 하기라도 하듯 거칠기 그지없다. 심지어 한국의 이어도(離於島)에 대해 자국 영토 운운할 정도로 중국의 해양세력 과욕은 동지나해와 남지나해를 격랑으로 몰고 있다.

특히 최근 중국과 일본의 동중국해(東中國海), 댜오위다오(일본명 센카쿠열도) 영유권 분쟁이 나날이 치열해지고 있다. 현재 중국은 남중국해에서도 난사(南沙)군도와 황옌(黃巖)섬 영유권을 둘러싸고 베트남, 필리핀과도 분쟁을 벌이고 있다. 중국의 최남단으로 보이는 하이난섬(海南島)은 북위 18~20도에 걸쳐 있지만 중국은 이곳에서 1,600km 이상 떨어진 쩡무안사(曾母暗沙)까지 자국의 영토라고 주장한다. 적도에 가까운 이 섬은 말레이시아에서는 100여 km밖에 떨어져 있지 않다.

하이난섬의 동남쪽 바다를 중국은 남중국해라고 부른다. 여기에는 둥사(東沙)군도부터 시사(西沙)군도, 중사(中沙)군도, 난사(南沙)군도 등 크게 네 무리의 군도(群島)가 있다. 이 중 영토분쟁이 일고 있는 곳은 시사 중사 난사 등 3사군도다. 중국 대만을 비롯해 필리핀 베트남 말레이시아 브루나이 인도네시아 등 7개 나라가 서로 자기들 영토, 자기들 대륙붕이라고 다투는 해역이다. 싼사(三沙)군도의 육지 면적은 52㎢에 불과하다. 물 위로 드러난 산호초까지 포함해도 114㎢ 정도다. 하지만 썰물일 때 물 위로 드러나는 개펄과 산호초까지 포함하면 5,400㎢로 제주도의 3배 크기다. 특히 싼사(三沙)군도에 산재한 200여 도서로 생기는 해역까지 포함하면 무려 200만㎢나 된다. 게다가 최근에 엄청난 분량의 석유와 가스 유전이 속속 발견되고 있다.

사정이 이러하다 보니 주변 7개국이 사활을 걸고 투쟁하고 있다. 최근 세계 2대 경제대국으로 급부상한 중국은 이 지역의 실효지배를 위해 막강한 해군력으로 발 빠르게 대응하고 있다. 중국은 그동안 행정구역에 넣지 않았던 이곳에 싼사시(三沙市)를 설치했다. 중국은 앞으로 일어날 분쟁에 대비해 이미 이곳에 길이 2,500m의 비행기 활주로를 갖춘 군사비행장까지 건설했다. 또 주비자오(渚碧礁)와 메이지자오(美濟礁) 등에 헬기장과 레이더 기지도 설치 중이다.

중국의 이런 활동으로 자국 영토의 앞바다에 위치한 섬까지 관할권을 빼앗긴 베트남과 필리핀 등 주변 국가들이 외교적 항의나 시위를 하고 있지만 속수무책이다. 이들 국가는 "남중국해 영유권 분쟁은 유엔해양법협약(UNCLOS) 등 국제법과 동중국해 당사국 행동선언(DOC)의 기본 정신에 따라 대화로 해결해야 한다"고 주장하고 있다. 그러나 이는 메아리 없는 주장에 지나지 않는 실정이다.

중국 정부가 해군력 증강에다 공군용 비행장까지 만드는 등 잇따라 취하는 조치를 보면 여차하면 이 문제를 무력으로 해결하겠다는 의지로 보인다. 중국 주변국의 베트남, 필리핀 등 약소국 입장에서는 중국 해군의 시위는 고대 사라센 해적의 모습과 다를 바 없다는 입장이다. 21세기 중국은 경제력을 바탕으로 역발산기개세(力拔山氣蓋世)의 모습을 과시하고 있다. 중국의 13억 인구는 언제든지 군복을 입고 워싱턴으로 갈 수 있다고 까지 위협한다. 중세유럽의 사라센과 같은 기세다. 실제로 중국은 세계패권을 위한 해군력 강화에 박차를 가하면서 대양해군의 초석을 닦고 있다.

3. 해적 왜구(倭寇)의 침략사

(1) 일본 왜구의 조선 침략

왜구는 13~16세기에 걸쳐 주로 한반도 주변 바다와 연안에 수시로 침입하여 인명을 해치고 재산을 약탈하던 일본의 해적집단이다. 왜구는 신라 때부터 염포(지금의 울산) 등을 시작으로 조선반도 전 해안에 침입하여 갖은 약탈을 자행하였다.

"내가 죽으면 호국용(護國龍)이 되어 왜적을 막겠으니 바다에 묻어 달라"고 했다는 신라 문무왕(文武王)의 유언이 입증하는 바와 같이 한반도에서의 왜구의 해적질은 1350년대를 전후한 고려 충정왕 때부터는 해적선 규모가 100척 이상으로 확대되어 경상, 전라, 충청, 경기의 연안에서부터 황해도, 평안도에서도 노략질을 하였다. 고려 말, 조선 초에 이르러서는 대규모 약탈을 감행하였으며 피해도 엄청났다. 고려가 왜구 때문에 망했다는 말이 있을 정도다.

왜구는 서양의 해적처럼 몇 척의 선박으로 습격하는 것이 아니라 몇 백 척이 연안에 한꺼번에 상륙하여 농작물, 백성들의 재물을 닥치는 대로 노략질하였다. 상륙 지역도 경상도, 전라도 해안뿐만 아니라 함경도 평안도까지 뻗쳤다. 특히 남해안 지역의 섬과 해안 지방의 백성들은 살 수가 없어 내륙 깊숙이 옮겨 사는 인구이동 현상까지 발생하였다

왜구의 구성은 전락한 지방 호족과 무사 그리고 빈민 또는 밀무역 집단들로 이루어졌다. 그들의 약탈 대상은 특히 지방에서 조세를 거두어 서울로 올라가던 곡물 운반선이 좋은 '먹이'였다. 육지에 올라와서는 재물은 물론 사람까지 잡아다 노예로 팔아넘기는 만행 등 고대 사라센 해적 이상의 행패를 부렸다. 이들은 왕릉 도굴, 이른바 문화재를 훔쳐가는 등 그 약탈 대상물을 가리지 않았고 방식도 무자비했다.

일본의 이키(壹岐), 쓰시마(對馬), 기타큐슈(北九州), 세토나이카이(瀨戶內海) 등을 근거지로 삼았던 왜구는 충정왕, 공민왕, 우왕에 이르는 40여 년 동안 500척의 선단으로까지 떼를 지어, 마치 전쟁을 하는 해군 함단의 모습을 갖췄다. 이들은 내륙 깊숙이 들어와 수도 개경(開京)의 치안까지 위협했다.

고려는 마침내 해양 강화에 힘써 74년(공민왕 23)에 새로운 수군(水軍)의 창설을 결정, 전함을 건조하고 연해의 여러 곳에 수군을 두어 이를 수군도만호(水軍都萬戶)로 하여금 통솔하게 하였다. 그 결과 1364년(공민왕)에는 도순문사 김속명에 명하여 진해에서 3,000여 명의 왜구를 격파했고 우왕 10년에는 해도원수(현 작전사령관) 정지가 왜선 120척을 관음포에서 격침시켜 대승을 거뒀다. 이것이 고려말 삼대 대첩중의 하나인 관음포대첩이다. 정지(제독)는 방왜해전론(防倭海戰論)자였다. 도순찰사 이성계는 지리산의 황산에서 왜구를 전멸시키는 혁혁한 공을 세워 조선왕조 건국의 기틀을 마련했다.

조선 초기에도 왜구가 여전히 창궐하자 1418년 이종무를 쓰시마(對馬島)에 보내 왜구의 소굴을 소탕하였다. 그러면서 한편으로는 경상도 동래의 부산포 등을 개항하여 왜선들의 정박지로 정하고 이들 개항에 왜관(倭館)을 설치해서 이곳을 중심으로 무역거래를 하도록 선린정책을 펴기도 했다.

그럼에도 왜구가 근절되지 않자, 1419년 세종은 대규모 원정군을 출정시켜 쓰시마(對馬島)를 정벌하고 개항장인 3포(浦)를 폐쇄하기도 하였으나, 그들의 간청으로 부산포, 웅천(熊川)의 내이포(乃而浦), 울산의 염포(鹽浦) 등 3포를 개항했다. 이후 이곳에 사절로 들어오는 사송왜인(使送倭人)들에게 교역을 허락하였다.

왜구는 이같이 변신하면서까지 조선에 들락거렸다. 세종 말에는 공무역(公貿易), 사무역(私貿易)의 거래자로서 부산포에 350명, 내이포에 1,500명, 염포에 120명이 거주하였으나 이들이 저지르는 폐해는 컸다. '3포'라는 무역창구를 열어줌으로써 왜구의 약탈행위를 막아보려던 노력은 어느 정도 주효는 하였으나, 이들에 대한 강력한 통제가 원인이 되어 삼포왜란(三浦倭亂), 사량진왜변(蛇梁鎭倭變), 을묘왜변(乙卯倭變) 등이 발생하였다. 왜인은 '구(寇)'라는 해적 근성을 버리지 못하고 조선시대에도 이 모양 저 모양으로 해적질을 계속하였다. 일본의 왜구는 조선인에게는 참으로 블레셋, 사라센 같은 존재였다.

(2) 임진왜란(壬辰倭亂)과 이순신

임진왜란은 1592년(선조 25)부터 1598년까지 2차에 걸친 왜군의 침략으로 일어난 전쟁이다. 조선 조정에서는 남해안 지방에 왜구들이 자주 침략하자 군국기무(軍國機務)를 장악하는 비변사(備邊司)라는 합좌기관(合坐機關)을 설치하여 이에 대비하려 하였으나, 당시 지배계급은 당파를 중심으로 분열하여 서로 반목질시하는 데 더 열중하였다. 사실 조선 지배계급은 신라나 고려와는 달리 바다 폐쇄정책의 길을 걸었다. 중국의 해상 후퇴와 유럽의 해상 팽창, 이것이야말로 근대사의 발전을 갈라놓은 결정적 원인이 되었는데 조선은 중국의 길을 따랐던 것이다. 국제정세를 오직 중국(명과 청)과의 관계만으로 해결하려 한 것이다.

선각자 이이(李珥)가 '10만 양병설'을 주장하기도 했으나 조선사회의 지배계층인 사대부의 편당(偏黨)정치로 인한 조정의 기강 해이, 전세제(田稅制)의 문란 등의 폐단으로 인심이 동요되어 받아들이지 못했다. 이러한 상황이 임진왜란이 일어나기 전 조선이 처한 현실이었다.

급기야 일본을 통일한 도요토미 히데요시는 1585경부터 대륙침공의 야욕을 구체적으로 드러낸다. 1587년에 그는 국내 통일의 마지막 단계에 이르러 큐슈(九州) 정벌을 끝마치고 대마도주(對馬島主), 소요시시게(宗義調)에게 조선 침공의 뜻을 표명하였다. 결국 왜군이 침략하면서 한성(서울)이 함락되고 함경도 지역까지 북상하였다. 그러나 이순신 장군이 이끄는 수군이 해상 통로로 전라도 해안으로 진출하는 왜병을 막아냄으로써 조선을 멸망의 위기에서 구한다. 전쟁의 초기인 1592년 4월 14일 부산으로 침입한 왜선단(倭船團)에 경상좌수영과 우수영은 제대로 싸움조차 하지 못한 채 대패했다.

당시 전라좌수영의 수군절도사로 있던 이순신은 경상우수영으로부터 왜군의 침입 보고를 받자 출동하여, 옥포(玉浦)의 첫 해전에서 승리를 거둔 후 당포(唐浦), 당항포(唐項浦), 한산도(閑山島), 부산 등지에서 계속 전과를 거두었다. 이때 왜군은 해전(海戰)에서의 몇 차례 패배를 만회하기 위하여 병력을 증강하고 견내량(見乃梁)에는 적장 와키사카(脇坂安治) 등이 인솔한 대선 36척, 중선 24척, 소선 13척이 정박하고 있었다. 그러나 이순신은 견내량의 지형이 좁고 활동이 불편하다는 판단 아래 장소를 한산도로 물색하였다. 그는 약간의 판옥선(板屋船)으로 일본의 수군을 공격하면서 한산도 앞바다로 유인한 뒤 학익진(鶴翼陣)을 쳐 일제히 총통을 발사하는 등 맹렬한 공격을 가하여 층각선(層閣船) 7척, 대선 28척, 중선 17척, 소선 7척을 격파하였다. 이 해전에서 와키사카의 가신 와키사카사베에(脇坂左兵衛), 와타나베(渡邊七右衛門)를 위시하여 이름 있는 왜적 장군들이 전사했다.

1598년 11월 19일 이순신 장군은 노량에서 퇴각하기 위하여 집결한 500척의 적선을 발견하고 공격에 나섰다. 그는 함대를 이끌고 물러가는 적선을 향하여 맹공을 가하였고, 이것을 감당할 수 없었던 일본군은 군선을 잃고 많은 사상자를 내며 패주했다. 이순신 장군은 고대 블레셋, 사라센과 유사한 일본의 해양 침략의 뿌리를 잘라 버린 것이다. 이순신과 수군(水軍-오늘의 海軍)의 해양 전략에 의한 바다 승전이 아니었으면 당시 임진전쟁으로 우리 '韓民族'은 영원히 멸망하고, 오늘의 대한민국은 존재하지 않았을 지도 모른다.

영국해군은 '럼주'를 넬슨의 피라고 부른다. 영국 해군의 넬슨 제독은 1805년 트라팔가 해전(Battle of Trafalgar)에서 프랑스-스페인 연합함대를 대파하고 전사했다. 해군은 시신(屍身)의 부패를 막기 위해 넬슨의 관에 럼주를 가득 채웠다. 그런데 영국에 도착해 관을 열어 보니 술이 거의 남아 있지 않았다. 넬슨을 흠모한 병사들이 넬슨의 영령과 하나가 되려고 관에 구멍을 뚫고 술을 빼 마셨기 때문이다. 그래서 영국해군이 럼주를 '넬슨의 피'(Nelson's Blood)라고 부르는 것이다. 영국의 왕족과 귀족이 주로 해군 장교로 복무하고 싶어 하는 것은 이런 역사적인 자부심이 있기 때문이다. 이순신과 그의 수군, 넬슨과 그의 해군이 아니었으면 우리는 일본에, 영국은 스페인에 멸망되었을 것이다.

4. 대한제국(大韓帝國)의 멸망

(1) 조선 지배계층의 해양에 대한 무지

역사적으로 우리 민족은 신라와 고려의 전통을 이어받은 해양국이자 해양지식국이었다. 조선시대 건국 초인 태종 2년(1402년)에 제작된 세계지도인 '혼일강리역대국도지도'(混一疆理歷代國都之圖 · 이하 강리도)에는 세계 여러 나라의 수도가 표시되어 있을 정도로 우리의 해양지식은 출중했다.

조선 초(1402년)에 제작된 세계지도 '혼일강리역대국도지도'

이 지도에는 인도의 델리(만리 · 萬里), 이라크의 바그다드(육합타 · 六合打), 사우디아라비아의 메카(마갈 · 馬喝), 비잔틴의 콘스탄티노플(골사소석나 · 骨思巢昔那), 프랑스 파리(법리석 · 法理昔)까지 등장한다. 700년 전의 지리 지식이 놀랍다. 흥미로운 것은 지도 속의 아프리카 대륙의 모습이다. 긴 삼각형에 남단 희망봉 자리가 뾰족한 게 실제와 흡사하다. 더 놀라운 일은 이 지도가 1497년 포르투갈의 바스코 다 가마가 서양인으로 처음 희망봉에 도달하기 훨씬 전에 제작됐다는 점이다. 대륙 한복판에 큰 호수가 있고, 두 물줄기가 합쳐져 흐르는 강도 보인다. 빅토리아 호수와 나일강이다.

그러나 조선 후기에 들어서면서부터 사정은 전혀 달라진다. 조선 땅을 처음 밟은 서양인은 마리이(馬里伊)라는 서양인으로만 기록되어 있을 정도다. 그 서양인은 분명히 바다를 통해 조선으로 들어왔다. 그런데도 『선조수정실록』(宣祖修正實錄)의 1582년 1월 기록에는 "요동금 주위 사람 조원록 등과 복건 사람 진원경, 동양 사람 막생가, 서양 사람 마리이 등이 바다에서 배로 우리나라에 표류해 왔다"고만 기록되어 있다. 이긍익의 『연려실기술』(燃藜室記述)에는 마리이와 막생가가 1582년 제주도로 왔다고만 나와 있다. 요컨대 그 이상의 기록이 없었다. 이것은 문제의식이 없었던 것을 말한다.

1797년(정조 21년) 음력 8월 27일 묘시(오전 5~7시), 부산 동래의 구봉 봉수대(오늘날 부산 동구 초량동)를 지키던 한 병사가 수상한 배 한 척을 발견한다. 코가 높고 눈이 푸른 사람들인데 일본어 통역관이나 중국어를 하는 사람이 필담을 나눠보려 했지만 모두 허사였다. 다만 쓰시마섬(對馬島) 근처를 가리키며 입으로 숨을 후 내쉬는 그들의 몸짓 등으로 보아 그들이 바람을 기다리고 있는 것으로만 파악했다. 조선 관리들은 "배에는 50여 명이 타고 있었다. 모두 머리를 땋아 늘어뜨렸다. 그들이 쓴 글씨는 마치 산과 구름을 그려 놓은 듯해서 도무지 알아볼 수 없었다. 배에는 유리거울, 유리병, 망원경, 구멍 없는 은전 등이 있었다"고 보고한다. 중앙 조정의 관리들은 그들을 아란타(阿蘭陀 · 네덜란드)사람으로 짐작하고 말았다. 그들은 사실은 영국인이었다.

그들은 바람에 밀려 온 것이 아니라 한반도 부근 바다의 길이를 측량하기 위해 계획을 갖고 온 것이었다. 그들은 부산항의 지도를 그려서 '초산항'(조선을 지역명으로 착각해서 붙인 이름)이란 이름으로 영국 해군에 제출했다. 해양을 알고 문제의식이 있었던 조정 관리라면 그들의 임무가 무엇인지 바다 깊이를 측량하기 위해서였다면 그 목적이 어디에 있었는지를 조정관리로서 마땅히 조사하고 또한 거기에 대한 대응책을 마련하거나, 중앙(조정)에 건의했어야 했다.

1886년 4월 15일, 나가사키에 주둔해 있던 영국함대 사령관 도웰 제독은 본국 해군성에 급전을 보낸다. "전함 아가멤논, 파이어브랜드호를 발견했음. 목표지는 포트 해밀턴. 러시아 함대는 보이지 않음…" 포트 해밀턴은 영토 확장에 혈안이 된 서양 제국들이 서로 먼저 팻말을 꽂으려 했던 조선의 섬으로 오늘날의 거문도(巨文島)였다.

당시 거문도 등 대부분의 남해안 섬은 해양에 대해 무지한 조선 조정이 왜구의 노략질 방지 목적으로 공도(空島) 정책을 시행했기 때문에 무인도가 되어 있었다. 거문도가 영국의 눈에 띤 것은 1845년이었고, 그 후 조선 조정은 이 무인도가 포트 해밀턴(Port Hamilton)으로 불리며 제국 열강의 쟁탈전에 내몰리는 것을 아무도 모르고 있었다. 오늘의 영국은 해방 후 대한민국의 건국을 도운 우방이었지만, 한 세기 전의 영국은 해적의 견지에서 조선왕조를 바라본 것이었다. 1882년 6월 체결된 '조·영 수호통상조약'은 조약처럼 달콤했으나 한 달 뒤 임오군란으로 청나라군이 진주하고, 속국임을 명시한 '조중상민수륙무역장정'(朝中商民水陸貿易章程)이 맺어지자 영국이 가면을 벗어 버린 것을 보면 그렇다고 볼 수 있다.

사실 이 당시 실학자(實學者)들은 바다의 중요성을 갈파했다. 당시 박제가(朴齊家)는 해외통상을 위한 항로(航路)를 개발하고 양반들을 해운업이나 상업에 종사하게 하자고 제안했다. 그러나 실사구시(實事求是) 정신으로 풍요롭고 강력한 나라를 꿈꾸던 실학파는 된서리를 맞았다. 격변의 시대에 조선은 관념론과 명분론이 지배하는 '닫힌 나라'로 뒷걸음질쳤고 자주적 근대화의 기회를 잃었다. 실학자들의 주장은 200년 이상이 흐른 지금 생각해도 가슴에 와 닿는다.

회고해 보면 19세기 20세기 초 해양무지국(海洋無知國)이었던 조선이, 사라센 해적처럼 침입한 정복자 스페인에 의하여 멸망해 버린 중남미 인디오 꼴이 나지 않은 것은 하나님의 도움이 있었다는 생각이 들기도 한다.

(2) 20세기 초 조선에 등장한 신(新)사라센과 신(新)왜구

18세기 들어 조선 앞바다에는 서양 선박들의 출몰이 잦았다. 그들은 처음에는 측량 등 지리적 탐사가 목적이었지만 19세기 중엽부터는 해적 바이킹의 후손답게 해양 제국주의 시각으로, 식민지로서의 가치 판단 등을 위해 조선 바다에 접근했다. 1845년 제주도를 찾은 영국 군함 '사마랑호'(Samarang)는 조선의 관리를 인질로 잡기까지 했다. 1883년경 영국 신문은 영국해군의 조선 거문도 점령을 보도하면서 '켈파르트'(Quelparts)로 보도했다. 켈파르트, 이 명칭은 사실은 17세기 열강의 범선이 우연히 발견해 작명해 준 제주도의 명칭이었다. 멀리 유럽제국 사령탑에서는 인접 해역의 제주도와 거문도를 헷갈렸던 것이다.

조선통인 미국 제독 슈펠트가 거문도를 지중해의 지브롤터로 비유하고, 영국은 포트 해밀턴(거문도)이야 말로 극동의 연해주(沿海州)를 점령하고 태평양을 향해 남하하는 러시아를 막는 기막힌 요새로 여겼다. 거문도에 영국 국기가 게양되면서 한발 늦은 열강들은 안달이 났고, 민란과 정변에 시달리던 조선 관리들은 어찌할 바를 몰라 중국 베이징으로 달려가기 바빴다.

제국주의적 행태의 절정은 이듬해인 1846년 프랑스 군함 '세실호'가 조선 서해안에 나타난 사건이다. 1839년 소위 기해박해(己亥迫害)를 응징하기 위해 프랑스가 원정 함대를 파견한 것이다. 사실 이 당시 조선은 바다를 통해 이들과 개방의 통로를 열 수도 있었으나 결국 쇄국으로 이어지는 망국의 길을 가고 만다. 당시 프랑스 함대는 1866년 강화도를 거쳐 양화진까지 들어왔고, 강화도를 점령하면서 외규장각 의궤 등 많은 문화재를 약탈했다. 바로 고대 서구의 사라센 해적 모습이었다.

1871년에는 미국의 아시아 함대가 강화도를 공격했고, 조선은 최소한 군인 253명을 포함한 여러 백성이 전사했으며 미국은 3명만 전사했다. 1875년 일본이 '운요호'(雲楊號) 등을 보내 조선을 위협하였고, 1876에 불평등 강제 개항이 이뤄졌다. 당시(1870년) 일본은 군함 200척 및 운송선 20척의 건조 계획을 세우고 마침내 정한론(征韓論)을 대두시킨다. 청나라 또한 해군력 증강 사업을 벌였다. 1894년 조선의 지배권과 동아시아의 해양을 둘러싸고 청일전쟁이 발발했다. 황해해전에서 청나라의 북양함대(北洋艦隊)는 대패하고 마침내 조선은 일본의 목구멍에까지 들어갔다.

운요호

1904년 일본은 러시아와도 전쟁을 벌였다. 여순 전투에 이어 '대마 해전'과 '울릉도 해전'에서 세계 최강을 자랑하던 러시아 발틱함대는 일본 해군에게 대패하였다. 1905년 을사늑약이 맺어졌고, 1910년 조선은 일본에 병합되어 식민지가 되었다. 당시 일본이 조선을 강제 병합할 때 총병력은 100여만 명에 군함이 171척이었다. 그 3년 전인 1907년 7월 말 강제 해산된 조선군은 5,845명이었으나 해군은 전무했다. 회고하면 대한제국의 멸망은 지배 계급의 해양무지(海洋無知)의 결과였고 특히 블레셋, 사라센 같은 당시 일본인을 올바로 간파하지 못한 데 있었다.

우리가 아마도 국토를 일본에 빼앗겼기 때문인지 전국을 '방방곡곡'(坊坊曲曲)이라 하는 구호를 외치고 돌아다닐 때(지금도 그런 점이 있지만) 일본은 '진진포포'(津津浦浦)라 하고 바다로 나가면서 세계를 향하고 있었다. 일본은 세계로 나가는 나루(부두)를 뜻하는 진(津)과 세계를 끌어들이는 선박이 정박(碇泊)할 수 있는 포(浦: 항구를 뜻함)를 읊어대면서 진진포포(津津浦浦)를 외쳤다. 즉, 바다와 항구를 누비면서 세계(시장)를 내다보며 우리보다 앞서 개척하고 발전했던 것이다. 우리 선조가 먼저 포(浦), 포(浦)하면서 살았는데 참으로 안타까운 뒤바꿈이었다. 그래서 우리가 일본의 식민지가 되는 쓰라린 역사를 맞은 것이다. 일본에 나라를 빼앗긴 한일합병은 우리 자신이 바다를 지킬 힘이 부족해서 생긴 결과임을 예의 주시한 독립운동가 육당 최남선은 그래서 "누가 한국을 구원할 것이냐? 한국을 바다의 나라로 일으키는 자가 그일 것"이라고 갈파했던 것이다.

제2장

일본의 한국 해양침략 야욕

제2장 일본의 한국 해양침략 야욕

1. 일본의 독도(獨島) 야욕사

(1) 독도 영유권 조작 스토리

독도는 울릉도에서 87.4㎞ 떨어진 곳에 위치하고 일본 오키섬과는 157.5㎞가 떨어져 있다. 맑은 날이면 울릉도에서 독도를 독도에서 울릉도를 뚜렷하게 마주 볼 수 있다. 울릉도에서는 해발 86m 이상만 올라가도 독도가 눈에 들어오고, 오키섬에서는 106km 이상 배를 타고 나와야 비로소 독도가 보인다. 이런 환경적 자연조건 때문에 독도는 고대부터 울릉도의 부속섬이었고 어민들의 생활터전이었다. 일본은 지금 한국의 독도(獨島)를 학생교과서에서까지 일본영토(日本土)라며 왜곡하여 가르치고 있다. 그러나 독도가 한국영토(韓國領土)임은 한국 역사보다 일본 역사가 먼저 스스로 인정하고 있다. 일본의 역사학자인 시마네(島根) 대학의 명예교수 나이토 세이주(內藤正中)는 일본의 독도 편입 주장에 대해 그 부당성을 지적한 글을 게재한 바 있다.

100년 전 독도 주변은 바다사자의 일종인 강치의 천국이었다.

당시 일본에서 강치는 기름과 가죽을 채취하는 용도로 활용되었다. 독도 해역의 강치를 탐낸 일본인 어부 나카이 요자부로와 이를 도운 외무성의 야마자 엔지로 당시 정무국장, 이 두 사람의 행적을 통해 일본의 독도 야욕이 시작된다. 어부 나카이는 1904년 독도에서 강치잡이를 하기 위해 일본 내무성에 독도 편입을 위한 청원서를 제출한다. 하지만 내무성은 "한국 영토라는 의심이 있는 암초를 편입하는 것은 적절치 않다"고 반대했다.

그러나 나카이는 이번에는 같은 내용의 청원서를 다시 외무성에 냈다. 당시 정무국장 야마자는 이 청원에 담긴 일본 제국주의 팽창의 전략적 가치를 읽어냈다. 야마자는 "시국(時局)은 영토편입을 급요(急要)로 한다" "망루를 건축하고 무선 해저전선을 설치하면 적함 감시 상 극히 유리하다"고 판단하고 나카이에게 오히려 출원 제출을 재촉했다는 것이다. 그가 말한 '시국'이란 러 · 일전쟁을 말한다. 이후 독도 편입은 1905년 각의에서 공식 결의된다.

결국 일본은 1905년, 독도에 일본 이름 다케시마를 붙여 자국 영토라고 주장하면서 나카이에게 멋대로 어업을 허가했다. 이후 일본 어부들의 남획으로 독도의 강치는 모습을 감췄다. 그들은 조상 왜구와 달리 역사 왜곡을 한 뒤 그 가면을 쓰고 한국 해역에서 수산물을 해적질한 것이다. 100여 년 전의 어처구니없는 이 '일'이 오늘날 독도분쟁의 화근이 되고 있다. 독도 문제는 결국 어장(漁場)을 독점하려는 일본 어부의 과욕과 이를 대륙침략의 도구로 이용하려던 일본 외교관의 야욕에서 비롯됐다.

한말(韓末) 조선에 공식 사절로 왔던 외무성 관리 사타 하쿠보라는 자는 일본군 2개 연대만 있으면 조선(땅)을 정복할 수 있다고 주장한 자였다. 그런 자마저도 그가 작성한 보고서에 의하면 독도는 조선에 부속해 있음을 명시하여 보고하고 있다. 독도가 이렇게 저들의 관리에 의해서 마저 명백히 한국영토임이 밝혀지는 등, 역사적 사실이 확인되는데도 일본은 시네마현으로 하여금 조례를 만들어 독도를 저들의 영토 다케시마(Dake-Shima, 竹島)라고 의결하게 하였다. '竹' 즉 대나무가 시네마현에 많이 자라서 독도에다가도 붙였던 것 같다. 그런데 일본 막부(幕府)가 천연의 자원보고라 부러워했던 독도의 원래 명칭은 송도(松島 · 마쓰시마)였고, 죽도(竹島 · 다케시마)는 사실 울릉도였다. 죽도와 송도를 헷갈리면서까지 자기 나라 등기소에 '시마네 현(縣) 오키노시마마치(町)'로 등기한 그 다케시마(竹島)에는 실제 대나무가 없다. 참으로 모순의 극치가 아닐 수 없다.

섬의 특징이나 생김새를 지칭해 명칭을 붙이는 것이 조선인의 작명 습관이었다. 그래서 우리 역사는 외롭게 있는 섬이라 하여 '獨島'라 명명한 것이다. 한국이 실효지배(實效支配)하고 있는 독도에서 대해 "다케시마는 고유의 영토이며 한국이 불법점거하고 있다"고 교과서에 기술한 일본의 역사왜곡은 극치의 파렴치한 행위이다. 파렴치한 중국의 역사왜곡 동북공정(東北工程)도 그렇지만 일본의 독도 역사왜곡은 반드시 바로 잡아야 하고 또 지탄받아 마땅하다.

하루속히 세계의 각종 관계 기록에서 다케시마(竹島) 또는 '리앙쿠르 암석'(Liancourt Rocks)이 아니라 독도(Dokdo)로 표기토록 해야 한다. '리앙쿠르'는 독도를 처음 발견한 1849년 프랑스 포경선 '리앙쿠르호'(Liancour)의 이름을 따서 붙여지면서 유럽에 알려진 명칭이다. 이를 일본이 다케시마(竹島)로 표기하기에 앞서 한국과 일본 사이에서 중립적 명칭을 사용한다는 핑계로 국제사회에 퍼뜨렸다. 이는 프랑스가 독도를 발견할 당시 독도가 사람이 살고 있으면서 주민들이 생활을 영위하고 있는 섬(island)이 아닌 바윗덩어리(rocks)였다고 주장함으로써 한국의 독도 영유권 주장을 희석시키려는 의도였다. 미국 연방지명위원회(BGN)는 리앙쿠르섬(Liancourt rocks)이라 부르는 독도의 소속국가는 대한민국(South Korea)이라고 분명히 했다. 2008년 7월 '어느 나라에도 속하지 않는 지역'으로 바꿨다가 한국 정부가 근거를 제출하고 반발하자 부시 대통령이 직접 개입해 원위치로 변경되었다.

세계사는 국가 역사의 각축장이다. 세계사 학계에서 설득의 패권을 어떻게 장악하느냐에 따라 한국 위치가 달라진다. 역사를 바로잡아 나갈 때 국가 경쟁력이 더해진다. 정부는 물론이고 기업도 세계사 속의 한국사에 깊은 관심을 가져야 한다. 역사 속에서 독도 문제를 바로 잡는 것을 계기로 거국적인 글로벌 전략 하에 우리의 해양을 지켜 국가 이미지와 국가의 위상을 되찾아야 한다.

(2) 한 · 일 고지도(古地圖)상의 독도

금년(2012)은 신라 이사부(異斯夫)가 서기 512년(지증왕 13년, 삼국사기) 독도를 신라 땅으로 편입한 지 1,500년이 되는 해다.

우리 선조들의 영토 및 세계에 대한 인식에 대한 지도 발달사를 살펴볼 수 있는 고지도집(古地圖集)이 동북아역사재단에서 발간됐다. 『국토의 표상』으로 이름 붙여진 이 고지도집에는 1910년 이전 제작된 490여 점이 510쪽에 수록되어 독도(우산도)가 고지도에 표현되는 변화 과정을 보여주고 있다. 1592년 임진왜란 후 당시 최고 지도 제작자 정상기가 만든 '동국대전도'(東國大全圖)에는 일본이 오른쪽 밑에 작게 그려져 있고 동해 부분과 울릉도와 그 동쪽의 독도가 상세하게 그려져 있다. 임진왜란 이후 적극적인 해양 조사 결과다.

조선 전기에는 독도가 울릉도 서쪽에 그려졌었다. 신라의 우산국(于山國) 점령, 태종과 세종(世宗) 연간에 이어지는 공도정책(空島政策), 광해군 때 도쿠가와 막부가 허락한 울릉도 도해 면허, 안용복의 투쟁, 대한제국이 울릉도에 내린 칙령 등에 대한 우리의 역사는 일본 그네들이 더 잘 안다. 단지 1905년에 일본이 독도를 시마네현 소속의 '다케시마'라고 주장하며 러시아 군함을 감시한다는 명목으로 섬 안에 망루를 설치한 일이 있었다. 그로부터 5년 후 조선은 일본에 강점되었다. 사실상 남의 나라 조선을 해적질한 후 그린 지도는 논의의 대상이 아니다.

오늘날 일본은 삼국사기, 고려사, 조선왕조실록, 동국여지승람 등 관(官)이 편찬한 문헌은 물론 개인의 소소한 문집에 이르기까지 독도에 관한 공적·사적 기록을 샅샅이 발굴하고 우리 측 역사 자료들을 면밀하게 분석하고 있다. 행여 기록상 하자(瑕疵) 부분이 탐색되면 문제 삼으려는 것이다. 그러나 오히려 독도는 한국 땅으로 표시한 일본 고지도가 더 많다. 19세기 말 일본 소학교의 지리부도 교과서(3종)에서는 일본이 1905년 독도를 자국 영토로 강제 편입하기 전까지는 독도를 한국 영토로 표시한 지도를 교재로 사용했음도 볼 수 있다. 일본 에도시대 실학자 하야시 시헤이(林子平)가 1785년에 만든 '삼국접양지도'(三國接壤之圖)에도 죽도(竹島)는 '조선의 것'(朝鮮 持)이라고 명기되어 있다.

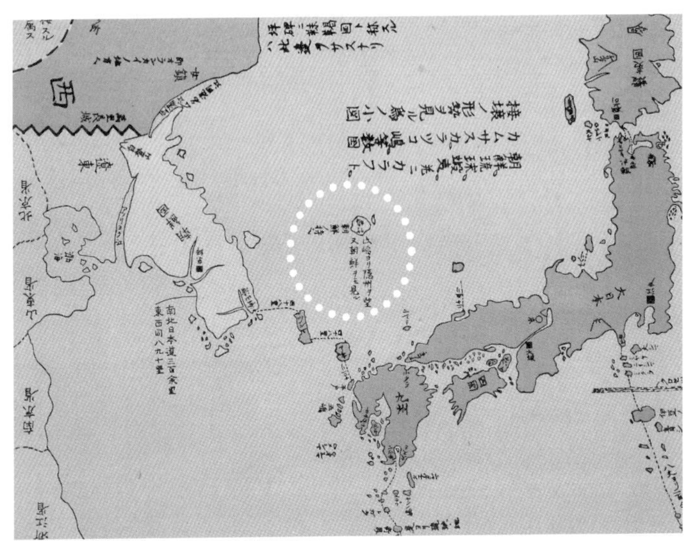

삼국접양지도. 죽도는 조선의 것(朝鮮 持)라고 표시되어 있다. (점선 내부)

그것뿐이 아니다. 일본은 우리의 '팔도총도'(八道總図,1531)에 우산도(=독도)가 울릉도 서쪽에 그려져 있다는 점을 트집잡고 있다. 일본 측은 한국의 관찬서 '신증동국여지승람'(新增東國輿地勝覽)(1531)의 부도인 이 '팔도총도'를 가리켜 "한국인들이 독도를 잘 몰랐던 증거"로 취급하고 있다. 그러나 '팔도총도'가 제작된 시대에 일본 지도는 어떤 모습이었는가. 일본전도(日本全圖)로서 8세기부터 16세기까지 사용된 지도는 '교키도'(行基圖)였는데 교키도에는 현재 일본의 모습과는 전혀 다르게 그려져 있다. 16세기의 교키도를 보면 북쪽과 남쪽에 실제로 존재하지 않는 가공의 대륙까지 그려져 있다. 이런 지도와 비교한다면 한국의 '팔도총도'에 약간의 문제가 있다 하더라도 일본의 '교키도'보다 훨씬 정확한 지도라는 점은 부인할 수 없는 사실이다.

한국학이란 용어조차 없던 19세기 말 『한국서지』(韓國書誌, Bibliographie coreenne, 1894~1901)를 펴내며 한국을 세계에 알린 인물이 있다. 1890년 프랑스 외교관 신분으로 서울에 온 동양문헌학자 모리스 쿠랑(1865~1935)으로, 그가 직접 수집해 갖고 있던 소장품 다수가 프랑스 국립고등교육기관인 콜레주 드 프랑스(College de France)에서 발견됐다. 모리스 쿠랑이 수집했던 254책 중에 '천하제국도'(天下諸國圖)가 주목된다. 강원도 편에 울릉도 남쪽 우산도(독도)가 그려져 있는 것이다. '천하제국도'에는 '임진목호정계시소모'(壬辰穆胡定界時所模)도 있는데, 1712년(숙종 38) 조선과 청나라가 백두산 주변을 조사한 뒤 정계비를 세운 여정을 그린 지도다. 지금까지 콜레주 드 프랑스에 있는 쿠랑의 수집품은

2~3종인 것으로 알려져 있었으나 이번에 확인된 콜레주 드 프랑스 소장 한국 고서는 모두 53종 421책이며, 이 종 쿠랑의 수집품이 254책이었음이 확인됐다.

오늘날의 일본 학자나 일본 정부는 독도에 대해 억지로 어떤 근거를 만들어 논리를 세우기 시작하면서, 끝까지 진실을 추구하지는 않고 중간에서 자신들에게 유리한 방향으로 왜곡시키는 수법을 쓰고 있다. 일본은 자기네들에게 불리한 것이 드러나면 진상추구를 그만두고 왜곡(歪曲) 논리를 구축하는 수법을 쓴다. 요컨대 일본의 고지도(古地圖)에는 대부분 독도가 그려져 있지 않았다. 이런 행위는 적어도 2005년 2월까지 계속되고 있다. 일본 시마네현이 '다케시마의 날'을 제정하기 직전까지이다. 이것이 진실이다.

(3) 일본이 그린 독도속국(獨島屬國) 표시

일본의 '만국신지도'(1893년판)에 수록된 지도 제작자 오노 에이노스케(小野英之助)의 대일본제국에는 일본 본토와 쿠릴 열도 류큐제도(오키나와) 등은 황토색으로 나오지만, 독도와 울릉도는 한국 영토처럼 무색(無色)으로 그려져 있다. 일본 고지도의 공통점은 울릉도와 독도를 한꺼번에 한국 영토로 표시하거나 혹은 한꺼번에 일본 영토로 표시하고 있어 여기에서도 독도가 한국령임이 확인된다.

독도가 한국 영토임을 입증하는 일본 문부성 제작 교과서와 지리부도가 처음 공개됐다. 새로 공개된 자료는 일본 문부성이 직접 만든 '소학지리용신지도'(小學地理用新地圖, 1905), 문부성이 검정한 '일본사요'(日本史要 상권, 1886)와 '소학지리'(小學地理 1,2권, 1900), 오카무라 마쓰타로 편찬 '신찬지지'(新撰地誌 1권, 1887), 오오쓰키 슈지 지음 '일본지지요략'(日本地誌要略 1,4권, 1878) 등 교과서 5권과 아오키 쓰네사부가 지은 '분방상밀일본지도'(分邦詳密日本地圖, 1888), 동경 개성관 제작 '표준일본지도'(標準日本地圖, 1925) 등이다. 1887년에 출판된 '신찬지지'에는 독도가 한국(조선) 영토에 포함돼 있다. 울릉도와 독도가 함께 한국의 영역임을 표시하는 가로줄 속에 포함돼 있고, 오키(隱岐)섬을 비롯한 나머지 일본 영토는 다른 가로줄로 표기함으로써 독도와 구별지었다.

1905년판 '소학지리용신지도'에는 '문부성 저작'이란 표시가 눈에 띈다. 맨 앞에 실린 '대일본제국전도'에는 류큐(琉球)의 부속섬은 물론, 1894년부터 식민화한 대만까지 표시돼 있으나, 동해의 영토로는 '오키섬'까지만 표시돼 있고 독도에 대한 언급은 없다. 그러다가 1925년 간행된 '표준일본지도'에는 울릉도는 경상북도로, 독도는 시마네로 소속을 명시했다. 즉 일본은 1800년대 후반까지만 해도 독도에 대한 영토의식이 없었다. 1905년 이후 지도에 와서야 독도가 표기되기 시작했음을 보여준 것이다.

따라서 만약 울릉도가 한국 영토라면 독도는 당연히 한국 영토라는 결론이다. 오노 에이노스케 씨가 만든 또 하나의 '일본신지도'(1892년판)의 '대일본국전도'에도 현재 일본이 독도의 소속 행정구역으로 편입시킨 시마네 현은 황토색인 반면 독도는 색깔이 아예 없다. 또 다른 지리부도 '분방상밀대일본지도'(1892년판)에 실린 '시마네현 전도'에는 일본 북서쪽에 자리한 '오키섬'까지만 시마네 현과 같은 분홍색으로 칠해져 있고 독도는 아예 표시돼 있지 않다. 오늘날 독도에 대한 일본의 입장은 독도는 근세 이래 일본의 고유영토이며, 1905년 시마네(島根)현 고시는 이를 재확인한 것일 뿐이라는 것이 공식 주장이지만, 이는 일제(日帝)가 독도를 앗아갈 때 내세운 "주인 없는 땅을 선점(先占)했다"는 주장과도 정면 배치된다.

애당초 일본 내무성은 독도 편입을 반대까지 했다. 그 이유는 "한국령이란 의문이 드는 황막한 일개 암초를 얻어 환시(環視)하는 여러 외국이 우리가 한국 병탄에 야심이 있다는 의심을 품게 하는 것은 이익이 극히 적다"는 것이 이유였다. 과거 일본 정부는 독도와 울릉도 일대를 한국 땅임을 인정한 역사적 자료인 '죽도제찰'도 발간했다. 그런데 왜 일제는 갑자기 독도 영토편입을 강행했을까? 1905년 1월 뤼순(旅順) 함락 이후, 일제가 독도 앞바다를 러·일전쟁의 승패를 가르는 마지막 결전장으로 삼았기 때문이었다.

(4) 일본의 독도 왜곡

일본은 독도왜곡을 점(點)에서 시작하여 차츰 선(線)으로, 선에서 면(面)으로 키우고 늘려 왔다. 1905년 2월 러일전쟁 직전 동아시아에서 일본의 국력이 한창 커졌을 무렵 시마네현은 독도를 자기네 현에 속한다고 고시하고, 식민통치 시절이 끝나자 1952년 일본은 승전국 미국과의 샌프란시스코 조약에 사인했다. 그 조약은 침략으로 일본 영토에 복속되었던 여러 섬들의 권리를 포기한다는 내용이었고 마땅히 독도도 거기 포함돼야 옳았다. 그런데 치밀하지 못한 미국이 이 조약에 독도를 명기하는 것을 놓쳤다. 일본이 이 찬스를 이용하여 재빨리 독도 영유권을 주장하는 근거로 삼았고 1차 어업협정이 발효되자 틈만 나면 독도를 제 땅이라고 주장하기 시작했다.

지방정부도 발맞추어 민간인에게 독도의 인광 채굴권을 허가하고 과세를 했다. 일본 국회는 한국의 독도 불법점거 상태를 해제하기 위해 미국 원조를 요청하자는 발언까지 속기록에 남겼다. 일본의 입법 · 사법 · 행정부가 모조리 합세해 독도 영유 명분을 차곡차곡 축적해 온 것이다. 그러나 이걸 무너뜨릴 결정적 증거는 무수하다. 독도가 한국 땅으로 표기된 지도만도 100장이 훨씬 넘는다. 게다가 전부 일본측 지도다. 1936년 일본 육지측량부(陸地測量部)가 발행한 정부 지도에도 분명하게 울릉도 · 독도는 조선 땅으로 표기되어 있다. 1905년 이전 지도는 더 말할 나위도 없다.

둘째가 무주지 선점론이다. 이 또한 지도만 들이대면 깜냥도 안 되는 억지다. 한 의로운 일본인은 1901년에 일본 문부성이 만든, 명백히 한국 땅으로 독도가 표시된 초등학교 교재를 공개하기도 했다. 오사카의 공립학교 교사였던 구보이 노리오씨이다. 구보이씨 외에도 일본 안에 자기 정부의 억지 주장을 민망해하는 양심적 지식인이 무수하다.

셋째는 본토와의 거리설. 독도가 측량 결과 일본열도에 가깝다는 주장인데 국제법상 선례 없는 생트집이다. 그렇게 치면 대마도는 부산과 훨씬 가까우니 우리 땅이라야 옳다.(사실 대마도는 지난날은 우리 영토였다.)

넷째 육안 관측설. 독도는 울릉도에서 육안(肉眼)으로 보이지 않아 일본인이 지도를 만들기 전엔 한국이 독도의 존재조차 몰랐다는 억지다.

"한국은 독도가 한국 영토라는 사실을 구체적, 논리적으로 이해시켜야 한다. 일본은 총리가 직접 독도 영유권 논리를 펴는데 '일고의 가치도 없다'는 식으로만 대응하면 세계를 납득시키기 어렵다." 독도가 한국 땅임을 인정하는 한국외국어대학교 호사카 유지(保坂祐二) 교수의 조언이다.

1620년대 일본 어민들은 막부로부터 울릉도에 건너갈 수 있는 도해면허(渡海免許)를 받았다. 그런데 당시 도해면허는 외국에 가는 것을 허락하는 일본 행정행위였다. 이는 일본에서 울릉도는 외국이었다는 것을 의미한다. 당시 일본 어민들은 고기를 잡거나 전복을 채취하러 허가를 받아 울릉도에 건너갔고 독도에서는 들러 쉬거나 강치(바다사자의 일종)를 잡았다.

역사를 살필 때 일본 어민들이 지난 70여 년간 외국 땅, 즉 한국 땅인 울릉도와 독도를 무단 왕래한 것은 불법이었다. 1693년 울릉도에서 안용복을 주축으로 한 조선인들과 일본 어민들이 충돌했다. 싸움이 일어나자 에도 막부는 울릉도가 조선 영토와 가까우므로 조선 땅이라는 결론을 내렸다. 에도 막부는 당시 돗토리(鳥取)번 영주에게 울릉도와 비슷한 섬이 있느냐고 물었다. 에도 막부조차 독도를 몰랐다는 뜻이다. 따라서 독도를 영유했다는 것은 말이 안 된다.

에도 막부는 1696년 1월 울릉도 도해금지령(渡海禁止令)을 내렸다. 독도를 울릉도의 부속섬으로 보았다는 결론이다. 당시 도해금지령의 범위에 독도가 없었다고 말하지만 이전부터 독도 도해면허를 내준 적이 없었다. 면허 자체가 없으니 도해금지령(渡海禁止令)을 낼 필요도 없었던 것이다. 호사카 교수는 일본 육군참모국이 1877년 제작한 '대일본전도' 등 독도가 표시되지 않은 19세기 일본 공식지도 3점을 2010년 동북아역사재단과 함께 공개한 바 있다. 2008년에는 일본에서 1814년 발간된 '조선국략도'에 동해 울릉과 우산(독도)이 한국령으로 그려져 있고 영토 경계를 오키(隱岐) 섬까지로 표시했다는 점을 공개하기도 했다.

일본은 1903~1904년 나카이라는 일본인이 독도로 이주해 강치잡이를 했으니 독도를 실효 지배한 것이라며 1905년 독도를 오키섬(지금의 시마네 현 소속)에 편입한다고 하지만 1905년 이전까지 울릉도가 독도를 관리했다는 증거가 최근 2년 사이 여럿 나왔다. 일본인들은 울릉도 독도를 포함해 대한제국 영해에서 조업하려면 세금을 내야 했는데, 1897년 기록에 일본인들이 울릉도 독도에서 잡은 어패류나 강치 가죽을 일본으로 수출할 때 울릉도 도감에게 수출세를 냈다는 내용이 있다. 세금징수는 조선이 실효 지배했다는 확실한 증거다.

일본은 17세기 중반에 독도 영유권을 가졌다는 근거로 1667년 간행된 '은주시청합기'(隱州視聽合紀)를 들고 있지만 그러나 이케

우치 사토시(池內敏) 나고야대 교수가 이 문헌을 연구해 울릉도와 독도를 일본 밖의 땅으로 해석해야 옳다는 논문을 2000년대 초 발표했다. 일본에서 아무도 이 연구를 반박하지 못했다. 돌이켜보면 일본제국은 광복 전까지 조선총독부가 주관하여 제작한 조선용 역사교과서에 의해 일본의 신(神)이 신라로 강림해 조선 지방에 은혜를 베풀었다는 등 왜곡 교육을 끝도 없이 일삼았다. 일본의 역사왜곡은 거슬러 올라가면 가야나 백제가 왕족들이 일본으로 망명하여 건너갔을 무렵부터 시작된다. 일본은 그들이 가장 오래된 역사서 『고사기』(古事記)와 『일본서기』(日本書紀)까지에도 상당한 역사왜곡을 가하고 있는 것이다.

(5) 카이로 선언과 연합군사령부 확인

메이지 정부가 전국 지적(地籍)사업을 벌일 때 '독도는 조선 땅'임을 공식 확인한 일본 공문서인 태정관지령(太政官指令)을 두고 고민한 적이 있었다. 내무성의 장고(長考) 끝에 결론은 울릉도, 독도 모두 일본 영토가 아니라고 결론을 내렸다. 당시 최고 국가기관인 태정관도 내무성 결정을 따라 시마네 현에 하달했다. 1877년 문서 제목이 "일본해 내 죽도 외 일도(=울릉도와 독도)를 일본 영토 외로 정한다"였다. 일본 정본 국정 최고기관인 태정관은 "죽도(당시는 울릉도 지칭)외 한 섬, 즉 독도(오늘날)에 대하여 일본은 관계가 없다는 것을 심득(心得)할 것"이라고 명시하였다. 이후 1900년 대한제국은 울릉도를 '울도'(鬱島)로 개칭한 칙령 제41호

제2조에서 관할구역을 "울릉전도와 죽도, 석도(독도)를 관할한다"고 관보(官報)에 게재, 영토주권을 명확히 했다.

이러함에도 불구하고 일본은 러·일전쟁 와중에 러시아 함대 남하에 대비, 독도에 망루를 설치하려고 1905년 2월 강치잡이 업자 나카이를 앞세워 무주지(無主地)라는 이름을 붙이고, 시마네 현은 독도를 일본 영토라고 고시하였다. 28년 전 태정관 지령을 식언(食言)한 것이다. 줄곧 숨겨졌던 태정관 지령은 1987년 교토대 교수에 의해 알려졌다.

시마네 현에 불법 편입됐던 독도는 광복과 함께 회복됐다. 하지만 1951년 샌프란시스코 대일(對日)평화조약이 화근이었다. 그 즈음 미소 냉전에 따라 미국의 대일정책이 포용으로 선회하면서 패전국 일본의 영토가 조약에서 애매하게 처리된 부분이 있었다. 제2조 "일본은 한국의 독립을 승인하고, 제주도, 거문도 및 울릉도를 포함한 한국에 대한 모든 권리, 권원 및 청구권을 포기한다"로서 어디에도 독도는 없었다. 이를 근거로 일본은 독도가 포기 대상이 아니었다고 주장한다. 하지만 제주도, 거문도 및 울릉도는 한반도 부속도서 약 3,000개 중 하나일 뿐이다.

제2차 세계대전의 종전을 앞두고 1943년 열린 카이로 선언에서 "폭력과 탐욕에 의해 약취한 모든 지역에서 일본세력을 구축(驅逐)한다."는 선언의 정신은 독도가 일본영토가 아님을 명문화한 것이다. 1946년 1월 29일자 연합국최고사령부(SCAPIN) 지령 제677호와, 그해 6월 독도 수역(水域)에서 일본의 어로 활동을 금하는 맥아더라인도 공포됐다. 일본은 1951년 9월 연합국과 맺은 샌프란시스코 강화조약의 "일본은 제주도, 거문도, 울릉도를 포함하는 모든 권리 및 청구권을 포기한다"라는 문구에 독도를 명시하지 않았지만 이것은 연합국이 처음부터 독도를 모도(母島) 울릉도에 부속된 도서로 보았기 때문이다.

일본의 독도 시비는 깊이 따지면 한·일 간의 문제만은 아니다. 독도 문제에 대한 일본의 기본적인 입장은 1905년 7월 일본 총리 가쓰라와 미국 육군장관 태프트 사이에 체결된 '가쓰라-태프트 밀약'(The Katsura-Taft Agreement)에 근거를 두고 있기 때문이다. 6·25전쟁으로 혼란 속에 빠져 있던 1951년 9월 해당 당사국인 우리나라를 제외시킨 가운데 샌프란시스코 강화조약이 맺어졌던 것이다. 전시 중 미군의 독도 폭격연습을 중단하라는 일본의 요구를 미국이 받아들이면서, 일본은 협약에서 마치 독도가 그들 영토로 인정된 것처럼 주장하고 나서게 됐다. 이 때문에 현재의 우리에게 주어진 과제는 미국의 역사 인식을 바꾸도록 하는 외교적·학술적 노력이다. 이후 미국 정부에서는 독도를 '미지정 주권지역' (Nondesignated Sovereignty)에서 그 영유권을 한국령으로 되돌려야 된다는 분위기가 일었다.

그리하여 이승만 한국 초대 대통령은 1952년 1월 독도가 포함된 해양주권선인 '평화선'(平和線)을 선포했고, 넉 달 뒤 일본 마이니치신문사가 외무성의 자문을 받아 펴낸 샌프란시스코 강화조약 해설서에 실린 영역도(領域圖)에는 독도를 한국령으로 분명히 명기했다. 그해 9월 클라크 유엔군사령관이 한반도 주변에 설정한 '해상 방위 수역'(클라크 라인) 역시 독도를 한국령에 포함시켰다.

그때 국제사회는 물론 일본 자신도 독도가 한국 영토라는 점을 인정했던 것이다. 일본 제국주의의 팽창정책이 제2차 세계대전 패배로 막을 내리면서, 이때 연합국사령부는 '지령 677호'(일명 SCAPIN 677호)를 공표하여 독도를 포함, 대한제국에서 강제적으로 빼앗은 땅은 일본 영토에서 완전히 제외한다는 것을 선언한 것이다.

독도 문제는 미국과 다시 한 번 분명히 해야 할 외교적 과제이다. 북관(北關, 함경북도 지방)의 영토 분쟁이 발발했던 조선 초 태조(太祖)가 중국과 벌인 외교적 노력이나 세종대왕께서 6진을 개척하여 강역을 확정지은 지난 영토분쟁사를 제대로 되돌아 볼 필요가 있다. 지금 우리가 가장 시급히 해야 할 일은 독도를 '미지정 주권지역'(未指定 主權地域)으로 인식하고 있는 미국 당국자의 인식을 바꾸는 일이다. 1945년 7월 26일 일본이 수락한 포츠담선언에 따르면 "일본국 주권은 혼슈, 홋카이도, 큐슈, 시코쿠와 우리(연합군)가 결정한 기타 도서로 국한다"로 돼 있다. 2008년 7월 미국의 지명위원회도 독도를 한국령으로 표기하였다. 당시 방한을 앞두고 있던 조지 부시 대통령이 직접 콘돌리자 라이스 국무장관에게 검토를 지시해 국적 표기가 없던 독도를 한국령으로 표기했다. 미국의 판단은 독도 귀속에 큰 영향을 미친다. 포츠담선언에서 일본의 영토는 4개 본섬 이외의 '우리(연합국)가 결정한 기타 도서 지역'이라고 돼 있다. 여기서 '우리'의 중심은 바로 미국이다.

따라서 미국이 독도를 일본령이 아니라 한국령이라 한다면 그것은 일본령이 될 수 없다. 1960년과 1967년에 각각 시행 공포되어 현재에도 유효한 일본법령 '대장성령 43호'와 '대장성령 37호'

에서 조차도 독도가 일본이 관할하는 섬에 포함되지 않는다고 명시하고 있지 않는가! 이제야말로 일본은 진실로 각성해야 한다. 2차 세계대전으로 일본과 같은 입장이 된 독일은 영토 수호라는 전통적 목표 대신 영향력 확대라는 길을 택했다. 이는 독일이 오늘날 EU(유럽연합)를 이끄는 최강대국이 된 비결이 되었다. 일본의 영토 분쟁은 소탐대실(小貪大失)의 결과만 낳고 말 것이다. 일본의 과거사 인식에 대한 전환이 없다면 지구상 최대 경제블록으로 떠오르는 '동북아 공동체'의 탄생에서 일본의 영향력은 더욱 적어질 것이다.

(6) 독도, 국제사법재판소 제소 대비

독도 문제가 대두되면 이승만 초대 대통령이 거듭 회상된다. "독도는 우리 땅", 이것은 1952년 1월 18일, 이승만 대통령이 전격적으로 '인접 해양의 주권에 대한 대통령 선언'을 함으로써 비로소 확인되었다. 일본은 그것을 '이승만 라인'이라 불렀지만 이승만은 '평화선'(平和線)이라 불렀다. 그것을 어기는 것은 평화를 깨는 행위임을 미리 선포한 주도면밀한 명칭이었다.

오늘날 일본은 독도를 국제분쟁 지역으로 만들고 국제사법재판소(ICJ)에 작용해 영토를 교묘히 빼앗으려는 저의를 갖고 있다. 일본이 구축함과 헬기를 동원해 '한국 방공 식별구역'(KADIZ)을 침범함으로써 우리 군이 F-15K 전투기와 구축함을 출동시키는 긴박한 사태를 일으킨 것은 그 한 가지 예이다. KADIZ는 영공 외과 상공에 설정된 구역으로 준(準)영공에 해당한다. 일본의 군함과 군용기라고 할 수 있는 자위대 함정과 헬기의 KADIZ 침범은 중대한 주권 침해다. 독도가 분쟁지역이라는 것을 대외적으로 인식시키기 위한 일본의 수작이다.

일본은 독도 영유권 문제를 분쟁화시켜 '국제사법재판소'(ICJ)에 제소하기로 정략을 세우지만 한국은 일본의 제소에 응할 필요가 없다(현재 응하지 않고 있다). 따라서 ICJ는 개입할 수 없다. 이 사실을 잘 알고 있을 일본은 제소를 강행하는 것을 목적으로 독도를 분쟁지역으로 만들려고 한다. 즉 KADIZ 침범은 ICJ 제소를 앞두고 한 · 일 갈등(독도 갈등)을 증폭시켜 국제사회의 이목을 끌기 위한 카드인 것이다.

과거 코르푸 해협사건에서 영국이 제소했을 때, 알바니아가 ICJ의 관할권을 반대하면서도 이 사건을 ICJ에 회부하라는 안전보장이사회의 권고를 수락한다는 입장을 보임으로써, 강제로 ICJ의 재판을 받았던 사례에서 교훈을 얻어야 한다.

지금 일본은 상대국이 의무적으로 응하는 '강제 관할권'(enforcement jurisdiction, 의무적 관할권) 수락을 한국에 요구하고 있다. 이는 독도를 비롯해 중국과 주변국 간의 동중국해 영유권 분쟁 등을 염두에 둔 것으로 ICJ 강제관할권을 수락하지 않고 있는 한국과 중국을 압박하기 위한 것이다. 강제관할권을 수용한 국가는 지난달 현재 유엔 가맹국 193개국 가운데 67개국이며, 일본은 1958년에 수락했다. 한국은 91년 ICJ 가입 당시 강제관할권을 유보했다. 유엔안보리 상임이사국 가운데 강제관할권을 수락한 국가는 영국뿐이다.

많은 국가가 강제관할권을 수락하지 않고 있는 것은 국가 주권(主權)에 관한 문제를 ICJ에 맡기는 것에 대해 신중하게 판단하고 있기 때문이다. 독도가 1954년 '한 · 미 상호방위조약' 제3조의 적용 대상임을 명확히 밝히고, 일본이 독도에 대한 무력 위협이나 도발 시에 한 · 미 상호방위 협약에 의해 미국의 도움을 요청할 것임을 선언하는 것도 필요하다. 동 조약 제3조는 "각 당사국은 타 당사국의 행정 지배하에 있는 영토와 각 당사국이 타 당사국의 행정 지배하에 합법적으로 들어갔다고 인정하는 금후의 영토에서 다른 당사국에 대한 태평양(太平洋) 지역에서의 무력(武力)공격을 자국의 평화와 안전을 위태롭게 하는 것이라고 인정하고 공통한 위험에 대처하기 위하여 각자의 헌법상의 수속에 따라 행동할 것을 선언한다."고 규정하고 있다.

일본이 독도에 대한 무력 위협이나 도발을 시도함으로써 군사적 대립을 일으키고 유엔안전보장이사회가 이 문제를 다루면서, 독도 문제를 ICJ에 회부할 것을 권고하게 되면 우리나라는 독도 문제를 ICJ에서 재판받아야 하는 상황이 발생할 수 있다. 이러한 상황을 막기 위해서라도 독도가 '한 · 미 상호방위조약'의 적용 대상임을 명확히 하고, 필요 시 미국의 지원을 요청할 것임을 선언해야 한다. 미국으로서도 동맹국인 한국과 일본이 무력으로 대립하는, 상상하기도 싫은 상황을 회피하기 위해서라도 독도가 한 · 미상호방위조약의 적용대상임을 밝히는 것이 필요하다.

우리 선조들은 빈번한 전쟁과 침략 속에서도 영토에 대한 권리등록(權利登錄)만은 명확히 하고 쉽사리 협상에 응하지 않았다. 우리는 신라 지증왕 13년(512년) 우산국과 독도 등 부속도서까지 모두 복속된 이래 현재까지에 대한 실효권을 주장할 다양한 역사적 근거들을 충분히 갖추고 있다. 이제는 독도가 우리 땅임을 입증하는 수백 년 전 고문서보다는, 일본이 독도를 편입했다고 주장하는 1905년 무렵부터의 증거(독도가 우리 땅이란 현실적 인증)를 모으는 일이 국제법상 더 의미가 있다. ICJ는 도서 영유권 분쟁과 관련, 해당도서, 근해의 어업허가증이나 납세(納稅) 기록 등을 증거로 인정하는 경향이 있다.

따라서 1902년 대한제국이 울도(울릉도) 군수에게 울릉도 · 독도에서의 경제활동에 세금을 징수하도록 지시한 사료가 최근 발견된 것은 국제법적으로 의미가 크다. 일본도 1950년대 독도 근해에서 조업한 자국 선박에 발급된 시마네현의 어업 허가증이나 독도 광물권을 둘러싼 재판 기록을 확보하는 등 독도영유권 주장을 뒷받침 할 증거를 수집하기 위해 애쓰고 있다.

(7) 이승만의 '평화선' 선언 배경

일본은 독도가 자기들 영토라고 하는 주장하는 이유로 일본에서 전해지는 우스꽝스러운 이야기(신화)를 든다. 일본 시마네현에는 일본 신화(神話)의 발생지인 이즈모 지방이 있다. 그 지방에 '구니비키 전설'(國引傳說, 나라 땅 끌어오기)이라는 신화(神話)가 있다. 기운이 센 야쓰카 미즈오라는 신이 남의 나라 땅을 끌어 올 데가 없나 하고 바다 너머를 살펴보다가 어떤 땅이 눈에 띄면 그 땅을 밧줄로 묶어 자기들 땅으로 끌어 들인다는 요지의 어처구니없는 신화이다. 지금도 그들 고장의 인터넷 관광 사이트에 들어가 보면 그 신화를 만화로 만들어 놓은 것을 볼 수 있다. 그런데 일본은 이 신화를 빙자하여 독도를 자기들 멋대로 '무인도'(無人島)라 하고 시마네현 조례를 만들어 독도를 저희들 땅이라고 우겨대고 있다.

각설하고 어쨌거나 이는 일본인들이 꾸며낸 이야기일 뿐이다. 독도는 신라 때부터 우리 주권이 시행되었고 대한제국 시절부터는 실효적으로 지배해오고 있다. 한일문화연구소(소장 유미림)에서 제공한 사료에는 1902년 대한제국이 울도 군수에게 울릉도와 독도에서 경제활동을 하면 세금을 부과하도록 하였고, 실제로 울도 군수가 일본인의 강치 수출에 세금을 부과해 한국이 독도를 실효적으로 지배했음을 입증한 자료가 있다.

사료는 1902년 내부(內部, 지금의 행정 안전부)가 작성한 것으로, 당시 내각 총리대신 윤용선의 결재를 받아 울도군에서 내려진 것으로 절목을 첨부하여 내부대신(內部大臣)의 인장이 찍혀 있다. 절목(節目)이란 구체적인 시행세칙을 의미한다. 10개 조항으로 되어 있는 절목에는 미역에 부과하는 해채세(海菜稅)는 10%의 세금(관세)을 거두고, 출입하는 화물에 대해서는 물건 값에 따라 1%를 거둬 경비에 보태도록 한 규정이 있다. 또 울릉도의 일본인이 독도에서 잡은 강치를 수출하려면 절목의 규정에 의거해 수출세(輸出稅)를 납부토록 했다. 일본인에게 독도 어로에 대한 세금을 울도군에 내도록 한 것은 독도가 한국 영토임을 의미하는 것이다.

이승만 초대 대통령은 최근세사(最近世史)의 너무나도 확실한 역사적 사실을 근거로 해방 후 1952년 '인접해양의 주권에 대한 대통령선언'을 통해 '이승만 라인', 소위 '평화선'을 발표했다. 6·25 전쟁으로 경황이 없던 대한민국의 수산자원을 싹쓸이해 갔던 일본에 대해 해양주권(海洋主權)을 선포한 것이다. 1952년 당시는 미래가 어떻게 될지 한치 앞도 내다볼 수 없었던 때였다. 그러나 이승만은 안과 밖으로 힘들었던 시절이었는데도 타이밍을 놓치지 않고 '이승만 라인'을 선포한 것이다.

이승만 평화선

여기서 말하는 타이밍이란 1952년 초부터 가동될 '미·일 샌프란시스코 강화조약'을 말한다. 이 조약으로 일본은 태평양전쟁 패전국 지위를 벗어나 다시 세계국가로 권리를 회복하게 될 때인데, 이때를 기해 국가주권 경계를 명백히 한 것이었다. 이승만 대통령은 미국에서 국제정치학 박사논문을 준비하면서 독도는 물론이고 대마도 역시 원래 우리 영토임을 알게 되었다. 일본의 미국의 진주만 공격 서너 달 전에 탈고한 책 『일본 내막기』(원제: Japan Inside Out: the challenge of today』에서 그는 과거부터 내려오는 한국과 일본 간의 명확한 해상경계(海上境界)가 있음을 확인했다. 그것은 독도는 물론 대마도와 이키섬까지 우리 영토로 하는 해양

경계선을 말한다.

(8) 이승만의 독도 영유권 확인

이승만은 집권 후 사흘 뒤인 1948년 8월 18일 일본에 대마도 반환도 요구했다. 일본이 독도를 자기네 땅이라고 우기는 진짜 이유까지 이승만은 간파하고 있었다. 다음 해 1월 8일의 연두 기자회견에서 재차 일본의 대마도 반환과 함께 지난 임진왜란의 배상까지 요구했다.

실제 일본은 '독도에서 밀리면 대마도도 위험하다'는 위기의식을 갖고 있었다. 이승만은 일본이 한국을 식민지로 병합하는 과정에서 다케시마(독도의 일본식 명칭)를 편입한 것, 그리고 한국전쟁 와중에 한국이 회의에 참석하지도 못한 상태에서 체결한 샌프란시스코조약을 근거로 한국 땅을 저희(일본땅)이라고 주장하는 사실을 꿰뚫고 있었던 것이다. 이승만은 일본이 러시아와의 전쟁에서 승리한 도취감과, 그리고 장차 러시아군의 공격에 대비하기 위한 전략적 배려에서 1905년에 서둘러 독도를 자기네 영토라고 하였던 것을 소상히 파악하고 있었다.

사실 일본의 양심 있는 지식인들인 노벨 문학상 수상자인 오에 겐자부로(大江健三郎), 모토시마 히토시(本島等) 전 나가사키(長崎) 시장, 평화헌법 9조를 지키자는 모임인 '9조회'의 다카다 겐(高田健) 사무국장 등은, 독도 문제는 일본의 아시아 침략 역사에서 생겨났다고 진단한 뒤 일본 정치권의 자성을 주문하고 있다. 그들은 일본이 독도를 자국 영토로 편입한 1905년에는 조선 식민지화 작업이 진행 중이었고, 한국의 힘이 가장 약할 때 문제의 영토를 편입했다고 지적하고 있다. 생각할수록 독도에 관한 한 이승만 대통령의 혜안에 대해 머리를 숙이지 않을 수 없다.

1952년 이승만 대통령이 평화선을 선언하고 독도에 해군을 보내 일본선박(어선)을 내쫓지 않았다면 독도와 그 영해는 지금은 그대로 일본이 차지해 버렸을 것이다. 국제법상 영토 취득의 권원(權原)에는 선점(先占, Occupation), 시효(時效, Prescription), 공인(公認,Recognition), 그리고 실효적 지배 등이 있다. 아무튼 이승만 선언으로 일본의 침략에 의해 빼앗겼던 우리의 땅을 되찾고 우리의 해역(海域)을 선포함으로써 독도가 우리의 영토임을 만천하에 공포했던 것이다.

그리고 1965년 6월 22일 박정희 대통령 때 체결된 한일어업협정에서도 독도는 엄연히 배타적경제수역(EEZ)으로 체결되었다. 그러나 그 후 1998년 9월 25일에 체결된 소위 '신 한일어업협정'에서 우리 측의 무지의 소치로 독도가 중간수역(공동관리구역)으로 협정되면서 우리나라 어업수역에서 빠져나가는 결과를 초래했는데, 일본은 이를 근거로 또 다시 끈질기게 독도 영유권을 주장할 뿐만 아니라 법적인 근거까지 조작하여 영토분쟁 지역으로 만들어 가려는 술수를 만들고 있는 것이다. 그러나 오늘날 우리의 독도 영유권만은 선점시효(先占時效)의 관점에서 국제법상 아무런 문제가 없다. 국제관례의 관점에서도 제약이 없다. 왜냐하면 일본이 일본 남부 오가사와라(小笠原) 군도(群島)를 1862년에 미국으로부터 일본 영토라고 공인받을 때 근거로 내놓은 지도가 바로 '삼국접양지도'(하야시시헤이(林子平) 제작, 프랑스어판)였기 때문이다. 미국으로부터 오가사와라 군도를 공인받게 한 이 지도에 독도와 대마도가 한국 영토로 표기되어 있다. 여기에서 우리는 이승만의 평화선(平和線)이 왜 중요한가를 알게 된다. 그것은 영토 취득 권원인 독도에 대한 실효적 지배의 독특한 계기를 만들어 주었기 때문이기도 하고 해양(海洋)의 중요성을 일깨워 주었기 때문이다.

(9) 독도수호 총력전

일본은 정부와 민간이 손을 잡고 지명 변경 작업을 치밀하게 전개하고 있다. 그들의 시나리오는 독도를 세계가 주목하는 분쟁지역으로 만들어 긴장 상황을 지속시키다가 이를 빌미로 국제사법재판소로 끌고 가려는 것이다.

구글이 버전을 업데이트하면서 독도와 동해 표기 변경 방침을 우리 외교통상부에 일방적으로 통보해 놀라움을 던져주었다. 자사가 제작한 글로벌판에서 독도의 한글 주소(울릉군 울릉읍 독도이사부길 63)를 삭제하는 대신 리앙쿠르암으로 표기한 것이다. 동해(East Sea)는 괄호 안으로 밀어 넣었다.

구글의 충격이 채 가시지도 않은 마당에 이번에는 애플이 도발하고 나섰다. 자사 운용체제의 새 버전에 탑재되는 지도에서 독도 단독 표기 방침을 바꾸겠다고 알려온 것이다. 한국어 버전에서는 독도, 일본어 버전은 다케시마, 한국과 일본을 뺀 지역에서는 리앙쿠르암(Liancount Rocks) · 독도 · 다케시마를 병기하겠다는 것이다. 애플이 지금까지 지도에서 독도만 표기해 오던 것을 배신하려는 것이다.

이처럼 지도에서 독도가 하나둘 사라지는 것은 심각한 일이다. 사용이 제한적인 종이지도가 아니라 전 세계적으로 범용되는 인터넷 · 모바일 지도들에서 잇달아 패배하는 것은 독도 표기를 둘러싼 외교전에서 우리가 손을 놓고 있었다는 증거에 다름 아니다. 옛날 지도를 찾아내 물적 증거를 강화하는 것도 중요하지만 지금 살아 움직이는 지도가 이용자들에게 미치는 힘이 훨씬 강력하다. 일본은 이 같은 전략을 관철하기 위해 지도 회사에 로비와 압력을 행사했을 것임이 분명하다.

일본은 한국 대통령(이명박)의 독도 방문 이후 전 세계를 상대로 다케시마 홍보를 강화하고 있다. 독도를 빼앗겠다는 선전포고와 다름없다. 이에 맞서 우리 외교부는 150여 개 공관에 10개 국어로 된 독도 홍보물 35만 부를 배포하고, 독도 홍보 예산을 올해 23억 원에서 내년 42억 원으로 늘렸다. 부당한 영토 야욕과 과거사 왜곡에 엄중하게 대응하겠다는 다짐도 했다. 그러나 애플의 독도 표기 개악은 우리가 일본의 총력전에 밀리고 있다는 현실을 반영한다.

우리 정부(외교부)는 "독도는 우리 땅"이라는 기초적인 사실을 지키지 못한 책임을 통감하고 이제부터라도 다른 외국 기업으로 독도 왜곡이 확산되는 것을 저지해야 한다.

구글은 해당 지역에 대한 중립적 입장을 취하는 동시에 지역 연관성을 높이기 위한 것이라고 해명하고 애플은 침묵하고 있지만 두 기업 모두 일본 시장을 노린 결정으로 짐작할 수 있다. 그러나 독도는 다른 분쟁지역과 다르다. 현실적으로나 역사적으로나 명백한 한국 영토를 비즈니스에 유리하다고 표기를 변경하는 것은 영혼을 파는 행위나 다름없다. 그들은 중국 시장이 일본보다 크다는 이유로 센카쿠(혹은 댜오위다오) 표기를 어떻게 바꿀 것인지 지켜보아야 되겠다.

외국인 관광객 특히 외신기자들의 독도 방문 등을 통해 제3국의 독도 승인을 유도하는 방법도 국제법상 유리하다. 제3국이 자연스럽게 한국의 영유권을 받아들이도록 하는 것은 상대적으로 일본의 억지를 약화시키는 길이다. 국제사법재판소(ICJ)가 도서 영유권 분쟁 시 실효적 지배를 안정적으로 유지한 국가에 유리한 판결을 내린 사례가 있음을 볼 때, 독도에 방파제나 해양기지 등 구조물을 단계적으로 강화 설치하는 방안도 실효적 지배(實效的支配)를 강화하는 데 도움이 된다. 우리 민간단체도 정부와 함께 나서 독도 환경 보호 및 조사 · 연구 등을 총력적으로 진행하는 것도 국제 사회에 “독도는 한국 땅”임을 거듭 각인시킬 수 있다.

이제 우리는 독도가 분쟁지역(紛爭地域)이 아니라는 점을 계속 밝혀야 한다. 독도는 우리의 고유 영토로서 우리나라의 경찰이 직접 치안을 잘 담당하고 있다는 점을 국제사회에 알려야 한다.

(10) 일본에 대오각성 촉구

미국은 중국이 영유권을 주장하는 댜오위다오(센카쿠열도)가 '미 · 일 상호 방위조약'의 적용대상임을 밝히고, 이 섬에 대한 일본의 행정지배를 인정한 바 있다. 일본이 이제 독도를 두고도 미국에 같은 협조를 요구할지 모른다. 그러나 미국은 각국의 주권(主權) 문제는 관여치 않는다고 밝혔다.

일본 정부와 정치 단체 등은 독도 문제를 두고 한국과 벌이고 있는 분쟁에서 벗어나야 한다. 과거의 잘못된 행위들을 정당화하려는 시도는 중단해야 한다. 한국인들에게 독도가 어느 국가 땅인지 물으면 100% 한국 땅이라고 말한다. 그러나 일본인들에게 독도가 누구 땅인지 물어보면 약 70%는 중립지역, 약 20%는 일본령, 나머지 10%는 한국령이라 답한다. 센카쿠열도(댜오위다오)는 90%가 일본 고유 영토라고 믿는다. 일본 국민 자신들도 독도는 자기들 땅이 아니라고 생각하는 사람이 많다. 한국 국민과 중국 국민뿐만 아니라 자국의 오키나와 주민들까지 분노케 했던 교과서 왜곡 편집과 같은 일은 하지 말아야 한다.

아시아 국가들은 지금 과거사(過去事)를 반성치 않는 일본에게 새로운 역내 협력의 시대를 열어가는 선도국으로 받아들이는 데 있어 강한 거부감을 느끼고 있다. 말과 행동이 다른 일본이라는 인식을 해소한 이후에야 비로소 동아시아에서 지도국의 역할을 할 수 있을 것이다. 그렇지 않다면 솔직히 한국의 강력한 지지에 의해 중국이 아시아의 맹주 자리를 차지하게 될지도 모른다. 일본인들은 계속해서 과거에 매달릴 것인가? 아니면 동아시아를 새로운 협력과 화해의 시대로 이끌 것인가? 하는 두 가지 문제 중 어느 것이 자국 미래의 이익에 더 부합하는지를 결정해야 한다. 오직 일본인들만이 이 질문에 대답할 수 있을 것이다.

현재 한국과 일본 간에는 독도 문제뿐만 아니라 역사 왜곡, 위안부 배상, 사할린 징용자 배상, 문화재 반환 등 현안 문제가 가득하다. 그런데 해결의 접점이 없다. 해결이 '끝났다'는 일본과 '끝나지 않았다'는 한국의 입장이 여전하다. 일본은 자신들 입맛에 맞는 법과 조약, 특히 독도에 대해서 '샌프란시스코 강화조약'으로, 위안부와 강제 징용자 문제에 대해서는 '한 · 일 청구권 협정'으로 해결된 것으로 주장하지만, 그것은 원천적인 해결이 아니다.

일본이 독도를 분쟁지역으로 이끌면서 국제사법재판소(ICJ)에 단독 제소하고 힘의 논리로 해결하려는 것도 문제를 더 복잡하게 만들 뿐이다. 그렇게 되면 국제사회 전체를 무대로 치열한 외교전, 홍보전이 벌어지게 되고 한 · 일외교 관계는 사실상 올 스톱이 되어 미국으로 불똥이 튀지 않을 수 없다. 일본이 국제사회에 내놓을 제소장의 근간은 51년 5월의 '샌프란시스코 강화조약'이기 때문이다. 결국 한국에서 '미국이 독도를 일본에 넘겼다'는 반미(反美)운동이 번지지 않으리란 보장이 없다. 그렇게 가다간 일본 우익에게는 군비(軍備) 증강의 좋은 구실을 주고, 급기야 한 · 미 · 일 3각 동맹의 프레임은 작동불능에 빠질 수밖에 없는 구도로 변질될 우려마저 있다. 어찌될 것인가?

일본은 외세에 당한 굴욕을 무력으로 되갚고 또 패전한 역사를 갖고 있다. 1853년 흑선(黑船)을 몰고 온 미국 페리제독에 의해 개항을 강요당한 일본은 1868년 메이지유신을 단행해 근대화에 성공한 뒤 1941년 미국의 진주만을 침공했었다. 일본은 이런 식으로 해군력을 증강해 동해에 집중 배치하고 해결을 고려할지도 모른다. 실제로 일본은 센카쿠열도를 보호한다는 명목으로 전함(戰艦)을 늘린 후 유사 시 독도 인근에 배치하는 전략을 쓸 모습을 보이고 있다. 일본과 한국 중국은 이리저리 얽혀 진흙탕 분쟁(전쟁)에 들어갈 소지가 있다.

일본은 각성해야 한다. 특히 일본 우익 정치권이 그렇다. 이제 한·일 협정 50년을 맞는 2015년을 기해 '2015년 신(新) 한·일협정'을 추진해야 한다. 위안부 문제와 독도 문제 등 모든 현안과 관심사를 협상 테이블에 올려놓고 과거를 털고, 대오각성(大悟覺醒)하여 미래를 약속하는 대타협을 이루어 내야 한다. 일본 정부는 일본 국민 중 겨우 10% 정도만이 독도가 자기 땅이라고 생각하고 있는 현실에서, 일본 정치권은 거짓 포장과 과장을 털어내야 한다.

"과거에 집착하는 자는 한 쪽 눈을 잃는다. 과거를 잊는 자는 양쪽 눈을 다 잃는다."

러시아의 문호 알렉산드르 솔제니친이 한 말이다. 일본, 특히 일본의 우익 세력은 이제 냉철히 반성해야 한다. 오늘의 한국이 100년 전의 나약한 조선이 결코 아니라는 사실을 명심하기 바란다.

2. 일본의 동해(東海) 명칭 침략

(1) 동해 명칭의 역사성

동해(東海) 또는 일본해(日本海)로 불리는 한국의 동쪽 바다 명칭은 본래 한국해(조선해)였음이 일본과 서양의 고지도를 보면 더욱 명확해진다. 일본뿐 아니라 영국 프랑스 등에서 제작한 다양한 형태의 원본(原本) 지도가 그것을 증명한다. 특히 일제 강점기인 1929년, '국제수로기구'(IHO)의 『세계 공식 해도』 초판에 '일본해'로 단독 표기되기 전까지는, 일본 스스로 '조선해'(朝鮮海)로 표기했음을 보여주는 관찬(관에서 제작) 세계지도도 있다.

1810년 일본의 에도 막부가 제작한 세계지도 '신정만국전도'는 동해를 '조선해'(朝鮮海)로 표기하고 있다. 1850년 제작된 '본방서북변경수륙략도'는 동해를 '조선해'로 명시하면서 울릉도와 독도를 동시에 표기하고 있다. 1863년 편찬된 일본백과사전 '강호대절용해내장'에 수록된 조선국도도 울릉도와 독도를 조선의 영토로 표기하고 있다. 18~19세기에 제작된 영국 · 프랑스 등 서양의 고지도 역시 동해를 한국해(韓國海)로 기록했다.

1794년 영국에서 제작한 일본전도는 동해를 '한국해'로 울릉도와 독도를 한국의 영토로 표기하고 있다. 18세기 중후반 프랑스에서 제작된 아시아 지도 역시 동해를 '한국해'로 표기했다. 일제 강점기 당시 일본 정부가 군인들의 사열이나 국민들의 국가의식 행사 때 제창을 권장한 전시 동원가요에도 '동해'라는 명칭이 명기되어 있다. 1615년에 나온 포르투갈 지도에는 'Mar Coria'로 표기되어 있다. 일본에서 1794년 출간한 아시아 전도에서도 '조선해'로 되어 있다. 이는 1650년 프랑스 선교사가 당시의 관습 명칭인 '동해'를 그대로 표기한 것이다.

'일본해'라는 명칭은 러일전쟁을 거친 후 비로소 등장한다. 이것은 국제수로기구(國際水路機構) 발족 시기가 일제 강점기인 1921년이었던 때문이다. 일제 강점기 축음기판과 '박시춘 기타 작곡집'의 '애국 행진곡'이라는 전시 가요에서도 '동해'가 표기된 가사가 발견되었다. 일제의 조선인 강제 징병과 전시동원 체제가 본격화하던 1935년(소화 10년)을 전후해 발간된 이 작곡집은 '이별의 부산정거장' 등의 애창곡을 지은 작곡가 박시춘(1913~1996)의 대표곡을 모아 놓은 음악책으로, 일본정부가 선정해 권장 수록한 '애국행진곡'(愛國行進曲)이 그 첫 번째 곡으로 실려 있다.

"보라 동해(東海)의 하늘이 밝아와 욱일(旭日, 떠오르는 해, 일본제국주의를 상징)이 높게 빛나면"으로 시작해 "사해(四海, 일본과 한국)의 사람을 따르도록 하여 평화의 나라를 만들자"로 끝맺음하는 이 곡(曲)은 일본 제국주의 전쟁을 미화하고 있다. 이 곡의 작곡자는 박시춘이지만 작사가는 "내무부(일본) 정보과 선정"이라고 명시되어 있다. 이 '애국행진곡'은 모든 국민이 정부 공식행사 등에서 단체 행동을 할 때 일본의 국가격인 '기미가요'와 함께 불렀다. 군가(軍歌)로까지 불러 일본 군인들이 사열할 때 발맞추는 데도 애창된 노래인 것이다.

이 곡에서 동해는 일본의 동쪽 바다라는 뜻의 보통 명사가 아니라, 우리가 부르는 고유 바다의 명칭 '동해'(東海)를 지칭하는 것으로 확인되었다. 또 다른 일본 전시가요(戰時歌謠)인 '태평양 행진곡'에는 일본의 동쪽 바다를 태평양이라고 명시해 놓고 있기 때문에 논리적으로 그 동해는 한국의 동해를 가리킨다. 이는 당시 현재의 동해에 대해 일본 정부가 '일본해'라는 명칭 대신 '동해'라는 명칭을 공식적으로 사용했다는 근거가 된다는 점에서 사료(史料)로서 가치가 충분하다. 조선인 징용자들은 그렇다 하더라도 일본 국민들까지 애국행진곡을 불렀다는 것은 당시 일본인들도 우리의 동해를 일본해가 아닌 '동해'로 불렀다는 사실을 방증하는 것이다.

(2) 외국의 사례

동서남북의 방향은 관찰자 위치에 따라 다르다. 하지만 근대 사상과 지리적 기준점에서 보면 한반도는 극동(極東)이다. 인도의 시인 타고르(Rabindranath Tagore, 1861~1941)가 세계적으로 유명한 그의 서정시집 『기탄잘리』에서 한국을 '동방의 등불'로 노래한 것도 가장 동쪽에서 떠오르는 태양에서 시상(詩想)을 떠올린 때문이었다. 그런 점에서 '동해'는 세계 지리적 관점에서도 걸맞는 명칭이다. 유럽 대륙과 영국 노르웨이로 둘러싸인 '게르만 해'(German Sea)도 '북해'(North Sea, 北海)로 변경되었는데, 일본만이 국제적 관습이 아닌 제국주의 유산이라 할 수 있는 '일본해'로 호칭할 것을 고집하는 것은 어불성설이다.

명칭은 그 자체가 어떤 핵심을 담고 있다. '동해'라는 이름은 우리에게 세계인에게 내일도 해가 뜰 것이라는 약속이자 믿음의 명칭이다. '동해'(East Sea) 표기의 주장에 정당성이 있다는 사실은 벨기에에서 열린 국제세미나에서도 재확인됐다. '제18회 동해 명칭과 바다 이름에 관한 국제 세미나'에서 오스트리아 학술원 교수인 이졸데 하우스너는 "인도 · 유럽 대륙의 예를 볼 때 바다의 이름은 정치적 상황이나 배경에 영향을 받는 것이 아니라 일반적인 상황을 더 많이 반영해 작명됐다"고 주장했다.

하우스너 교수는 그 예로 "유럽 대륙 북서쪽에 위치한 바다가 과거에는 '독일해'(獨逸海, German Sea)로 기록됐지만 현재는 '북해'(北海)로 대체되었고, 로마제국 시대에 '우리 바다'(Mare Nostrum, Our Sea)로 불리던 유럽 · 아프리카 · 아시아 사이의 바다는 '지중해'(地中海)로 불리는 것을 예로 들었다. 결국 '일본해'라는 명칭은 일본 자신의 욕심일 뿐, 국제적 공감을 얻는 명칭은 아닌 것이다.

두 개 이상의 국가주권이 미치는 해역을 어느 일방의 국가 이름만을 붙여 사용하는 경우는 국제적으로 그 사례가 없다. 이탈리아와 크로아티아 사이에 있는 바다 이름은 '아드리아 해'이고, 오스트레일리아와 뉴질랜드 사이의 바다는 '태즈먼 해'이다. '북해'가 유럽 대륙의 북쪽에 있는 바다라는 의미에서 결정된 만큼, 동해 역시 유라시아 대륙의 동쪽에 있는 바다라는 뜻에서 '동해'로 표기하는 것은 당연한 일이다.

대형 정밀 지도책을 발행하는 프랑스 아틀라스 출판사의 『아틀라스 세계지도』 2012년 판에, 동해가 같은 글자 크기로 '일본 해(MER DU JAPON) / 동해(MER DEL'EST)'로 표기되었다. 이 지도에는 독도가 'DOKDO / TAKE-SHIMA'(둥근 원 표시)로 표기되어 있으나 "**1945년 이래 한국이 지배하고 있으며 일본이 영유권을 주장하고 있다**"는 주석을 달아 독도가 우리 영토임도 함께 분명히 했다.

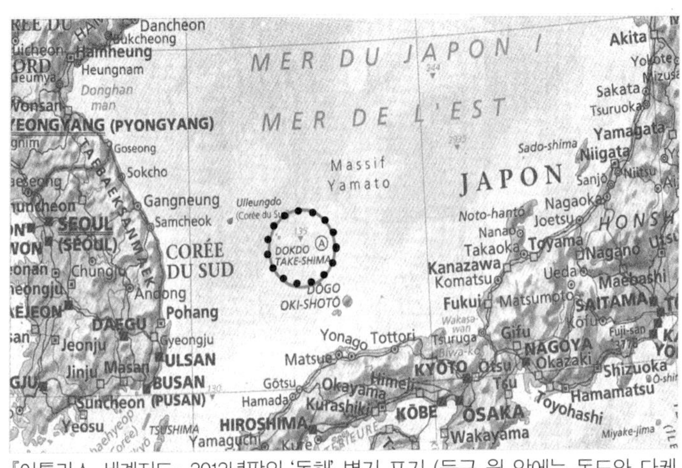

『아틀라스 세계지도』 2012년판의 '동해' 병기 표기 (둥근 원 안에는 독도와 다케시마가 병기되어 있음)

세계적인 대형 정밀 지도책에 동해와 일본 해가 대등하게 표기된 것은 이번이 처음이다. 2012년 4월 국제수로기구(IHO)가 일본의 반발에 밀려 동해 표기에 대해 5년 뒤 재논의하기로 했음에도 불구하고, '동해 병기'는 이번을 계기로 세계적 추세가 될 전망이다. 『아틀라스 세계지도』는 407쪽에 무게가 4kg인 대형 지도책으로, '내셔널 지오그래픽'이 펴내는 세계지도책과 함께 세계 정밀지도의 양대 산맥으로 꼽힌다.

유전(油田)과 어족자원으로 유명한 북해(北海)를 두고 영국에서는 '동해'(東海), 노르웨이와 스웨덴에서는 '남해'(南海), 덴마크는 지금도 '서해'(西海)로 각각 표기한다. 처음에는 아예 이름이 없었다. 그런 때문이었는지 로마의 역사가 타키투스는 자신의 저서 『게르마이나』에서 북해를 설명하면서 "라인강은 북으로 흐른다"라고 했다. 북해에 대해서는, 프톨레마이오스가 한때 게르만해란 이름을 붙이기도 했지만 중세에는 여러 나라에 둘러싸인 바다란 뜻으로 중해(中海)라 불렀다. 그러다가 해상무역을 장악한 네덜란드인이 북해(Nord Zee)라고 해도(海圖)에 표기하면서 공식 명칭이 되었고, 중세 독일의 '한자동맹'(Hanseatic League)이 제작한 지도가 유럽에 퍼지며 일반화되었다. 북해의 명칭에 관한 역사적 변천은 국가 사이에 있는 바다 명칭의 우여곡절을 잘 보여주는 좋은 예다.

북해 표기

중국 남단에는 '베이하이'(北海)라는 항구도시가 있다. 한반도 남쪽의 남해(南海)시가 위도 상으로는 베이하이시보다 북쪽인데도 중국은 북해시라 부른다. 그도 그럴 것이 국제수로기구(IHO)의 공식 명칭은 통킹만(灣)이지만 베트남이 이 바다를 모두 북부만(北部灣)으로 부르면서 형성된 것이다. 통킹은 하노이의 옛 이름 '동낀'(東京)을 프랑스어로 표기한 것이다. 세계지도에 동중국해로 표기된 한반도 남서쪽 바다는 중국에서 동해이고 베트남은 남중국해를 동해로 부른다. 이집트에서는 '홍해'(Red Sea)를 동해로 부른다. 동서남북의 위치에 나름의 '바다 이름'을 지어 불렀던 것은 국제적으로 역사적으로 당연한 행위였다. 그런데 도대체 '일본해'라는 것이 어떻게 있을 수 있단 말인가!

(3) 동해 명칭과 독도 사수

지질학적으로 약 1,700만 년 전 일본 열도는 유라시아 대륙의 일부로 한반도와 붙어 있었다. 지구 판구조 운동으로 일본 열도가 한반도에서 조금씩 분리되면서 약 1,500만 년 전 동해가 만들어지기 시작했다. 동해가 열리면서 일본 열도는 떨어져 나갔다. 동해(東海)가 갈라지는 과정에서 울릉도와 독도 같은 화산섬이 만들어졌다. 동해의 해저 여러 곳에서 지금도 이를 증명하는 화산암류들이 발견되고 있다. 이때 만들어진 울릉도와 독도는 이 때문에 동해에서 유일하게 해수면 위에 분포하고 있는 화산섬으로서 지질 역사를 잘 간직하고 있어 한반도와 연결된 동해형성 연구의 열쇠가 되고 있다. 최근에는 울릉도 화산섬 밑에서 약 12만 년 전에 형성된, 지구상에서 가장 젊은 화강암질 암석이 발견되기도 했다.

동해는 면적 130만 km^2, 평균 수심 1,350m 규모로서 큰 해양의 축소판인 미니 해양이다. 동해는 태평양 크기의 0.6% 정도에 지나지 않지만 해양에서 일어나는 해수의 변동과 수온과 염분에 의해 일어나는 밀도류 등 모든 해양 현상이 일어나는 해양의 교과서

나 다름없는 곳이다. 생물자원의 보고임은 물론 동해 해저에서는 메탄하이드레이트와 천연가스 등 지하자원의 매장도 확인됐다. 최근에는 지구 온난화의 주범으로 꼽히는 이산화탄소의 해저 저장에 이상적인 해저 지층 지질구조까지 확인했다.

또한 동해는 한국 중국 러시아 일본 간에 지정학적인 해양 전략 요충지다. 지금 중국은 북한의 '나선특구'를 통해 동해로 바닷길을 열려고 노력하고 있고, 두만강변 국경에 대한 중국과 러시아, 북한의 이해관계도 첨예하다.

우리 한민족의 명운과도 이어져 있는 이 같은 동해와 독도 명칭 표기 문제에 우리의 힘과 지혜를 모아야 할 때다. "동해물과 백두산이 마르고 닳도록…" 애국가 가사에 담가있듯 동해에는 우리 민족의 혼과 얼이 살아 숨 쉬고 있다. 동해는 분명히 우리 바다의 명칭이다. 일본은 그들 교과서(일부지만)에 동해를 일본해로 표기하고 있지만 그것은 분명히 명칭 약탈이다. 동해를 아예 그들의 바다로 만들겠다는 정치적 음모다. 마테오리치의 '곤여만국전도'(坤輿萬國全圖, 1602)에 일본 해라고 표기된 사례가 있기는 하다. 하지만 '한국해'(Mar Coria / Mare di Corea) 표기는 15세기 중반부터 나타났다. 조선이 서양에 본격적으로 알려진 18세기 초부터 100여 년 동안에는 '한국해' 표기가 일반적이었다. 그러나 18세기 이후 일본의 힘이 커지면서 그리고 네덜란드 등 서양의 여러 나라와 교류하면서 일본은 변칙적인 외교로서 '한국해'(Korean Sea)를 '일본해'(Japanese Sea)로 바꾸기 시작했다.

미국 검색사이트인 구글(Google)이 최근에 글로벌판 지도서비스(maps.google.com)에서 독도의 한국 주소 표기를 삭제했다. 종전까지는 영어로 Dokdo 또는 Takeshima를 검색하면 지도에 'Ulleung gun(울릉도)799-800'이라는 독도의 한국 주소가 나타났지만 주소 표기가 사라졌다. 구글은 또 동해에 어떤 명칭도 표기하지 않던 방침을 바꿔 일본해(Sea of Japan)를 먼저 쓰고 괄호 안에 동해(East Sea)를 병기했다. 구글은 세계 검색 시장의 80% 이상을 장악하고 있다. 구글 측은 독도·동해 표기 변경에 대해 "어느 나라 정부의 요청과도 관련이 없다"고 밝히고 있으나 일본 언론은 구글의 해명과 달리 일본 시마네현의 항의를 구글이 받아들여 독도 주소를 삭제했다고 보도했다.

일본 정부가 구글의 독도 표기 방침 변경 과정을 꿰뚫어보고 있었던 것과 달리 우리 정부는 구글이 변경 방침을 통보해올 때까지 모르고 있었다. 만일 우리 정부가 시마네현을 동원한 일본 정부의 구글 압박 움직임을 정확히 파악해서 독도 관할 지자체인 경상북도가 기민하게 맞대응을 했다면 구글은 기존 방침을 변화시키지 않았으리라 본다. 일본 정부는 민간단체들과 역할을 나눠 국제기구들은 물론 각국 언론사, 인터넷 회사들을 상대로 독도와 동해 표기에 대해 로비전을 펴고 있다. 우리 정부도 민간단체들과 함께 세계 각국과 관련 기관의 독도·동해 표기 변경 과정을 예의 감시해야 한다. 일반 국민 개개인들도 독도·동해 표기(명칭)를 지키기 위한 사이버 공간 여론전에 동참할 각오를 해야 한다. 이번 구글이 독도·동해 표기를 바꾸기까지 정부는 물론 우리 국민 모두는 동해와 독도를 수호하기 위해 무엇을 하고 있었는지 되돌아봐야 한다.

우리가 동해와 독도 명칭을 고수하고자 하는 이유는 역사와 관련이 있기 때문이다. 우리는 동해라는 명칭을 1530년에 『신증동국여지승람』과 18~19세기 '해자전도'에서 사용했고 일본도 20세기 들어오기 전까지 동해를 조선해, 북해, 서해라고 호칭하지 않았던가! 일본해라는 명칭은 일본이 일제강점기인 1929년 국제수로기구(IHO)가 해도를 처음 발간할 때 의도적으로 반영해 가장 최근판인 1953년 3판 개정판 때까지 사용하고 있다. 일본해라는 명칭 속에는 국권을 빼앗긴 우리의 어두운 과거 역사가 고스란히 담겨 있는 것이다.

IHO와 유엔은 의견이 첨예하게 대립하는 수로(水路)에는 병기를 허용하고 있다. 영국과 프랑스 사이의 해협에 대해 '영국해협'(English Channel)과 '라 망슈 해협'(La Manche)을 함께 쓰는 것이 좋은 예다. 1992년 총회 때 IHO가 한국의 강력한 반발을 받아들여 동해 해역 표기를 잠정적으로 백지(白紙)로 남겨 놓은 것도 같은 맥락에서였다. 동해 명칭 고수는 한국(민)의 자존심이다.

해양 명칭을 놓고 국가 간 자존심 대결을 벌이고 있는 것은 우리만의 일이 아니다. '걸프만'으로 흘러들어가는 수로 영유권 문제로 아랍과 이란은 8년간 전쟁을 치렀다. '걸프만'을 아랍에서는 '아라비아만'으로, 이란에서는 '페르시아만'으로 부른다. 우리 교과서와 지도에는 예외 없이 모두 페르시아만이다. 이란의 손을 들어주는 셈이다. 동해 명칭과 독도를 두고 일본과 첨예하게 분쟁을 벌이고 있는 우리로서는 다른 나라 사이의 바다나 영토 표기에도 신중을 기해야 한다. 과거 이란과 친했던 미국도 페르시아만으로 표기하다가 지금은 중립적인 표현인 걸프만으로 바꾸어 쓰고 있다. 미국이 이라크와 벌이는 중동전쟁도 과거 페르시아만 전쟁에서 걸프전쟁으로 바꾸었다.

3. 대마도(對馬島) 문제

(1) 역사적으로 본 대마도

대마도는 역사적으로 명백한 한국 영토이다. 『환단고기』(桓檀古記)에서는 삼한(三韓)이 다스렸다고 했고, 『삼국사기』의 신라본기는 왜인들이 대마도에 영(營)을 설치해서 격파했다고 기록하고 있다. 『고려사』의 세종 · 세조 · 성종실록, 『동국여지승람』(東國輿地勝覽), 『조선방역지도』(朝鮮方域之図) 등 수많은 역사 자료는 우리가 실효 지배하고 있는 조공섬, 경상도 속주 등임을 입증하고 있다. 성종 18년 대마도주(對馬島主)는 서계를 통해 "영원토록 귀국의 번병의 신하로 칭하여 충절을 다할 것입니다"라고 고했다. 영조 36년 제작된 『여지도서』(餘地図書), 순조 22년의 『경상도읍지』 등에는 대마도를 동래부 도서조(島嶼條)에 수록했다. 13세기 일본의 사서 『진대』(塵袋) 등 일본 자료에서도 마찬가지다.

그런데 조선 후기에 들어서 조선 조정은 대마도에 대해 소극적 태도로 일관했다. 그저 왜구의 근거지 역할만 해주지 않으면 좋다는 정도였다. 임진왜란이 대마도의 운명을 갈라놓았다. 양다리를 걸쳤던 대마도주는 임진왜란을 기점으로 일본화를 지향했고 임란 직후인 17세기 초 일본의 막부 체제에 편입됐다. 조선 전기 때만 해도 조선의 신하임을 밝혔던 대마도 도주가 그때 일본으로 넘어간 것이다.

고려 말에서 조선 초기에 걸쳐 대마도에 대한 우리의 인식은 여진족에 대한 인식과 탐라에 대한 인식의 중간쯤이었다. 고려와 접경한 여진족은 고려 관직을 받는 것을 영예로 생각했고 이 전통은 청나라가 성립되던 조선 중기까지 이어졌다. 탐라도(耽羅島)는 상대적인 독립을 누리다 고려에 복속됐다. 반면 대마도는 상대적 독립을 유지했지만 고려나 조선의 관직을 얻고 생필품을 얻기 위한 교역을 꾸준히 요청했다. 불가근불가원(不可近不可遠)이 대마도를 다루는 고려와 조선의 원칙이었던 것이다.

그러다가 조선 초 대마도에 대한 영유권 주장이 강력하게 제기되었다. 왜구의 침략이 계속되자 세종 원년(1419년) 상왕(上王) 태종은 대마도 정벌을 결심한다. 그때 밝힌 교유문(敎諭文)의 서두는 아래와 같다.

> "대마도는 섬으로 본래 우리나라의 땅이다. 다만 궁벽하게 막혀 있고 또 좁고 누추하므로 왜놈들이 거류하게 두었더니 개같이 도적질하고 쥐같이 훔치는 버릇을 가지고 경인년부터 뛰놀기 시작했다."

태종의 교유문은 일종의 선전포고였다. 그리고 정벌이 끝난 후 대마도 도주에게 교유문에서 한 번 대마도가 우리 땅임을 다음과 같이 명확하게 밝힌다.

> "대마도가 섬으로 경상도의 계림(鷄林-경주)에 예속되었던 바 본시 우리나라 땅이라는 것이 문적(文籍)에 실려 있어 확실하게 상고할 수 있다."

그러나 조선 영조 39년 통신정사 조엄의 기록에 "(대마도가) 근자에 와서 접대하고 순응하는 예절이 점차 전일과 같지 않다"고 말한 것처럼 일본 막부의 힘이 강력해지면서 경상도 속주에서 벗어남을 알 수 있다. 조엄은 대마도를 조선의 '외복지'(外服地), 즉 국경 밖에 있으면서 복속하는 번(藩)으로 칭해 이전보다 영유 의식이 약화된 표현을 썼다.

조선 영조때 1770년경에 제작된 '동국대전도'–대마도가 조선영토로 그려짐(점선 안)

대마도의 도주(島主)인 종씨(宗氏)는 일본인이 아닌 한국인 송씨(宋氏)라는 역사적 근거도 발견되었다. 대마도가 초대 도주로 추앙되던 종중상(宗重尙)에 대해서 『동래부지』(東萊府誌, 1740년 조선 영조 16년 박사창 편찬)는 도주 종씨가 원래 한국인 송씨라고 기록하고 있다. 동래부지의 대마도 항목에는 "대마도는 옛적 계림(鷄林 · 신라)에 예속돼 있었으나 어느 때 왜인이 점거했는지는 알 수 없다. (중략) 세상에 전하기를 도주 종씨(島主 宗氏)는 원래 우리나라 송(宋)씨로, 대마도에 들어가서 성(性)을 종(宗)으로 바꾸고 대대로 도주(島主)가 됐다"고 기록돼 있다. 또 동래 정씨 문중 시조 묘역이 소재한 화지산

(和池山 · 부산 부산진구 소재) 항목에는 "구전(舊傳)에 대마도주(對馬島主) 종씨의 조상을 이 산에서 장사 지냈다 하나 지금은 그곳을 알 수 없다"고 기록돼 있다.

이 같은 기록들로 미뤄볼 때 대마도주는 일본인 종씨(宗氏)가 아니라 한국인 송씨(宋氏)였다. 초대 대마도주의 묘역도 대마도가 아닌 부산 땅에 있다는 사실이 밝혀졌다. 실제로 유명 관광지인 대마도 이즈하라시 카마자카 전망대 안내판에는 종중상(宗重尙)이 초대 도주(島主)라고 오랫동안 적시돼 있었으나 지난해 초대 도주가 종중상이 아니라는 내용이 적힌 새로운 안내판으로 대치됐다.

일본은 최근에 부쩍 한국과 관련한 역사적 사실을 애써 지우고 있다. 초대 도주 무덤이 왜 없느냐는 잦은 질문을 피하기 위해 몇 년 전부터 역사서나 안내판에서 초대 도주 종중상(宗重尙)이라는 이름을 아예 삭제하였다. '여몽 연합군'도 고려를 뺀 채 원구(元寇)로만 표현했는가 하면, 1,500년 전에 백제인(百濟人)이 심은 은행나무에 대한 안내판에서도 백제와 관련된 역사를 아예 지워 버렸다. 우리 역사학자들은 우리 핏속에는 '대마 고토(古土) 회복의식'이 잠재되어 있다고 말한다. 우리 민족의 핏속에는 지금도 대마도는 만주의 간도와 함께 실지(失地) 회복 의식 속에 포함되어 내려오고 있는 것이다.

(2) 이승만의 대마도 반환 노력

이승만 초대 대통령은 1948년 8월 15일 대한민국 정부수립을 선포한지 사흘 뒤인 8월 18일 성명에서 "대마도는 우리 땅이므로 일본은 속히 반환하라"고 요구했다. 일본이 아무리 주장해도 역사의 근거는 어쩔 수 없다고도 말했다. 이 압박에 일본 총리가 일왕(日王)에게 한국인이 실제 2,000명쯤 살고 있다는 보고까지 했다. 이어 이승만은 외무부를 통해 그해 9월 '대마도 속령(屬領)에 관한 성명'을 발표했다. 이승만의 연두 기자회견 직후인 1949년 1월 18일 제헌의원 31명이 '대마도 반환촉구 결의안'을 국회에 제출했다. 얼마 후 있게 될 샌프란시스코 미일 강화회의에서 대마도 반환을 관철시킬 근거를 마련하기 위해서였다.

> "…대마도(對馬島)는 오래 전부터 우리 땅이었다. 임진왜란을 일으킨 일본이 그 땅을 무력으로 강점했지만 결사 항전한 (대마도) 의병들이 이를 격퇴한 바 있고 지금도 의병 전적비(戰蹟碑)가 대마도 도처에 있다. 1870년대에 대마도를 불법적으로 삼킨 일본은 포츠담 선언에서 불법으로 소유한 영토를 반환하겠다고 했기 때문에 우리에게 돌려줘야 한다.…"

1949년 1월 7일 대한민국 건국 대통령 이승만이 첫 연두 기자회견에서 한 말이다. 이날 이승만은 한일국교 재개를 언급하면서 대마도 문제를 꺼냈던 것이다. 이 대통령의 발언은 그때가 처음이 아니다.

> "…대마도는 역사적으로 명백한 우리 영토다. 섬 어디를 파보아도 조선과 관련한 유물이 나온다. 곧 미점령군사령부(GHQ)에 반환을 요청하겠다.…"

해방 후 1949년 1월 8일 이승만 대통령은 신년기자회견에서 위와 같은 발언도 했다. 그 당시 한국을 향한 일본 사회의 분노는 극에 달했다. 그러나 그들은 한국을 제압할 아무런 외교적 조치를 취할 수 없었다. 제2차 세계대전의 전범국가로 연합군 최고사령부 맥아더 장군에 접수됐기 때문이다.

경악한 일본총리 요시다 시게루는 너무나 다급해 GHQ로 맥아더 사령관을 찾아가 "우리가 아무리 패전국이라고 한국이 이럴 수 있는가"라고 호소했다. 메이지 유신 이후 실효 지배하는 대마도가 자기네 땅이라니… 일본 외무성은 산하 기관을 총동원해 대책위원회를 구성했다. 역사학회 · 고고학회 · 인류학회 등 일본의 5대 학회는 잇달아 조사 보고서를 올리는 한편 2~3년간 집중적으로 논문을 발표했다. 1949년 『일본역사』 19호에 발표된 「쓰시마의 역사적 위치」, 51년 『조선학보』 창간호의 「대마 문제」 등이 그 사례다.

아쉽게도 같은 해 7월 9일 양유찬 주미 한국대사가 미국 국무부에서 존 덜레스 미국대사를 만나 대마도 문제에 대한 한국의 입장을 전하자 덜레스는 "대마도는 일본이 오랫동안 통제해 왔기에 이번 평화조약은 대마도의 현재 지위에 영향을 미치지 않는다."며 한국의 요구를 거부했다. 2차 세계대전 패전국 일본과 미국 등 전승국(戰勝國) 간의 전후처리를 위해 "일본은 한국의 독립을 인정하고, 제주도 거문도 및 울릉도를 비롯한 한국에 대한 모든 권리와 소유권 및 청구권을 포기한다"는 샌프란시스코 조약(1951년)을 체결하면서 이 문안에 독도와 대마도는 명시되지 않았던 것이다.

대마도는 1870년대 이후 일본화되어 지금 일본이 실효 지배하고 있지만 그 근거는 우리가 독도를 실효 지배하는 것보다 그 근거가 훨씬 약하다. 일본이 독도를 자기네 땅이라고 우기는 것에 비하면 '대마도는 우리 땅'이라는 주장이 훨씬 설득력 있고 근거도 있다. 우리에게 스스로 조공(朝貢)을 바치던 대마도는 일본 땅이 아니었다는 것은 분명한 사실이다.

그런 점에서 15세기 초 태종 이방원의 대마도 인식과 20세기 중반 건국 대통령 이승만의 인식은 일맥상통한다. 사실 당시 이승만의 발언 배경은 대일청구권 협상을 유리하게 하고, 동해의 주도권 장악을 위한 의도된 발언으로 분석되기도 했지만 실제 이 선언이 기폭제가 돼 52년 국제사회에 독도 영유권을 확정지었고 대마도 주변 수역을 일단 우리가 확보하게 되었던 것이다.

(3) 우리 땅 대마도 되찾아야

한국과 일본의 영토문제는 전후(戰後) 처리와 밀접한 관계가 있다. 일본은 제국주의 시절 주변 도서를 전리품으로 챙겼는데, 센카쿠열도(댜오위다오)는 청·일전쟁 후, 북방 영토와 독도는 러·일전쟁 후 부당하게 편입시켰다. 센카쿠열도는 대만에, 독도는 울릉도에 훨씬 가깝다. 북방 4개 섬도 홋카이도에서 멀리 떨어져 있다. 오키나와나 홋카이도 역시 근대 이후 일본이 정식으로 영토화한 지역이다. 2차 세계대전 패전 후 일본 영토는 포츠담선언에서 혼슈 등 4개 섬으로 줄어들었다. 대만, 조선, 사할린 등 구식민지는 모두 독립하거나 반환되었기 때문이다.

북방 4개 섬과 센카쿠열도 영유권은 그동안 애매한 상태로 남아 있는 셈이다. 일본은 이들 영토를 복귀시킬 기회를 노리고 있었다. 1951년 9월 '샌프란시스코 강화회의'에서 드디어 일본은 강력한 로비를 통하여 이들 도서를 영토로 확보한다. 대마도는 우리가 제2차 세계대전의 전승국(戰勝國) 신분이 아니어서 협상에 참여할 수 없었고, 또 6·25전쟁 중이라 외교적 제약이 많았던 입장이어서 당시 대마도를 회복하는 기회를 놓쳐 일본령으로 되어 버렸다. 이 때문에 이승만 대통령은 1952년, 독도를 포함하는 평화선을 설정할 때 대마도를 염두에 두고서 이 경계선은 장래에 규명될 새로운 발견·연구 또는 권익의 출현으로 인하여 발생하는 신국제정세에 맞추어 수정할 수 있음을 선언한다고 하였다. 그러므로 대마도 회복(반환) 문제는 여전히 과제로 남아있는 것이다.

당시 샌프란시스코 조약에서 '오가사와라'란 섬이 미국으로 넘어갔지만 일본의 집요한 요구로 1968년에 뒤집힌 일이 있다. 미국이 과거를 받아들여 그 섬을 일본에 반환한 것이다. 당시 영토 협상의 기준이 되었던 지도에 의한다면 대마도 영유권은 분명히 우리 한국에게 있다. 대마도가 역사적으로 명백한 우리(한국) 영토라는 사실은 절대 달라지지 않는다. 오랫동안 우리 교육과정에서 대마도 교육을 하지 않은 것을 바로 잡아야 한다.

국내의 한 언론이 2005년에 입수한 미국 국무부 외교문서에 따르면 1951년 4월 27일 한국정부가 미국무부에 보낸 문서에 다음과 같이 쓰여 있다.

"한국은 일본이 대마도에 대한 모든 권리, 호칭, 청구를 분명히 포기하고 그것을 한국에 돌려줄 것을 요청한다. (In view of this fact the Republic of Korea request that Japan specifically renounce all right, title and claim to the Island of Tsushima and return it to the Republic of Korea)"

우리는 우리의 옛 땅 대마도를 회복하는 과업을 결코 잊어서는 안 된다.

제3장

중국의 주항해양

제3장 중국의 주항해양(走向海洋)

1. 청나라 패망의 치유정책, 주항해양

한국, 일본, 베트남, 필리핀 등 아시아 국가들은 지금 중국과 해양투쟁(海洋鬪爭)을 벌이고 있다. 중국이 강력한 해군 현대화를 속속 갖추어 나가면서 이웃 국가를 위협하고 있기 때문이다. '바다로 나아가자'(走向海洋)를 표방하는 21세기 중국의 해양정책은, 그동안 축적된 힘을 바탕으로 주변국을 향해 완력을 행사하고 있다는 느낌을 주고 있다.

2011년 CCTV(중국중앙방송)가 방송했던 8부작 해양문화 다큐멘터리 '주항해양'(走向海洋)은, 중국의 국부(國富)는 해양굴기(海洋崛起) 없이는 불가능함을 지적하며 중국인들의 분발을 촉구하는 의도로 만들어졌다. 역사학자와 해양, 군사전문가, 문화인류학자 교수 등 각계 전문가들의 견해를 토대로 5,000년에 걸친 중국 해양문명의 변천과 부침을 소개하면서 중국은 현재 국방 예산의 3분의 1을 해군력 증강에 투입하고 있음을 밝혔다. 특히 중국의 첫 항공모함 '랴오닝'호의 보유는 적극적 해양정책, 즉 '주항해양'

(走向海洋)의 연장선상에 있다. 중국 최초의 이 항공모함은 미국에게는 직접적인 위협을 가하지 않지만 일본, 베트남, 필리핀, 한국 등과 영유권 분쟁이나 천연가스 개발을 염두에 두고 투입할 가능성이 농후하다. 중국은 빠르면 오는 2015년경까지 재래식 항모(航母)를 더 건조하고, 2020년까지는 4만 8천에서 6만 8천 톤의 핵추진 항모 2척을 추가 진수함으로써 모두 4척의 항모 보유를 목표로 하고 있다. 이에 따른 주변국들과의 치열한 전략적 각축전이 예상된다.

CCTV가 방영한 프로그램 '주향해양'

중국은 해군력을 계속 강화해 2030년까지 최신 대형잠수함 100척을 보유하게 될 전망이다. '走向海洋'에서는 2007년 8월 초 러시아 잠수정이 북극해저(北極海底)를 탐사해 해저 4,261m에 러시아 국기를 꽂은 일을 거론하면서 더욱 분발을 촉구하기도 했다. 당시 캐나다, 미국, 덴마크가 반발했지만, 어쨌거나 중국은 북극해(北極海)의 막대한 천연자원 개발에 나서 북극해 연안 강대국들과 치열한 경쟁을 벌이고 있다.

그들은 지금 동중국해의 센카쿠열도(중국명 댜오위다오)와 남중국해의 남사군도를 두고 일본, 베트남, 필리핀, 말레이시아, 대만, 브루나이 등과 분쟁 중이다. 중국과 베트남은 이미 두 차례의 무력충돌을 빚기도 했고 필리핀과는 스카보러섬(중국명 황예다오, 黃巖島)을 두고 치열한 외교전을 전개했다. 최근 중국은 한국의 이어도(離於島)까지 중국의 배타적 경제수역에 속한다는 엉뚱한 주장까지 했다.

중국의 이러한 완력적인 해양투쟁의 본질은 배타적 경제수역을 확보함으로써 그 지역에 매장된 석유, 천연가스 등의 자원 확보가 목적이다. 오늘날 중국은 지난 120년의 치욕에 치를 떨고 있는 것이다. 중국은 1879년 일본이, 군대도 없던 중국의 속국 류큐(琉球)왕국에 500명을 투입하여 해적식으로 점령하고 자기네 땅 오키나와(沖繩)로 만들어 버린 사실에 강한 치욕을 느끼고 있다. 일본이 확보한 육지는 제주도 2/3 크기인 1,207㎢ 섬에 불과했지만, 실제는 오키나와 주변 바다 140만㎢를 얻은 것이었다. 일본은 1898년에는 태평양 섬 미나미토리시마(南鳥島)를 영토로 편입해 일본 전체 면적 38만㎢보다 넓은 배타적경제수역(EEZ) 43만㎢도 확보했다.

1894년 8월 청 · 일전쟁 때 뤼순(旅順)을 점령한 일본 제2군은 도시 전역에서 살육전을 벌였고, 뤼순에 거주하는 군인과 민간인을 단 한 명도 남기지 않고 도살했다. 일본 연합함대는 서해 대동구(大東溝) 해역에서 청제국(淸帝國)의 북양함대를 격파하고 서해의 제해권을 장악했다. 이듬해 2월 북양함대는 류궁다호(劉公島)에서 일본 해군에 투항했다. 이 사건은 중국인들에게 씻을 수 없는 국치가 되었다.

명대(明代)까지만 하더라도 중국은 세계 최고의 해양대국이었다. 일찍이 명나라 영락제 때 정화(鄭和)는 1405부터 1433년까지

대함대를 이끌고 7차례나 대항해를 시작하여 동남아시아를 비롯하여 인도양과 아프리카까지 원정하며 중국의 앞선 해양력을 과시했다. 이는 바스코 다 가마의 인도항로 발견보다도 80~90년이 앞선 위대한 역사였다.

이처럼 해양 대국이었던 중국이었지만 육지 변방을 방어해야 한다는 '새방파'(塞防派)가 바다를 방어해야 한다는 '해방파'(海防派)를 누르고 점점 내륙으로만 진출한 결과 해군이 시들어지면서 일본에 당한 것이었다. 이제 120여 년의 세월을 훌쩍 뛰어넘어 중국은 옛 소련 항공모함인 '바랴크 호'를 수리 개조하여 항공모함 '랴오닝 호'로 출항시켜 해양에 띄우면서 주향해양국가(走向海洋國家)를 향한 거보를 내디뎠다.

그러나 중국은 군사력 증강이 청나라 말기의 비극적 실수로 귀착될 수도 있음을 유념해야 한다. 정치 · 사회적 개혁 없이 강성해진 군(軍)은 쉽게 외부 공격에 노출되거나 내전을 촉발하는 도구로 이용될 수 있기 때문이다. 1894년 청일전쟁 때 아시아 최강이던 북양함대가 일본에 궤멸된 후 다시 만들어진 현대식 군대가 1911년 신해혁명 때 청조에 총부리를 돌린 것은 당시 중국이 정치 · 사회적 현대화를 외면했기 때문이었다.

기원 전 416년 스파르타와 아테네 사이의 펠로폰네소스 전쟁에서 육상강국 스파르타는 해양강국 아테네가 이끄는 전함에 패배하여 패권을 내주었다. 오늘날의 중국은 오직 이러한 역사만을 바라보며, 19세기 말의 치욕을 되풀이하지 않기 위해 해양강국을 향한 길에 몰두하고 있는 것 같다.

2. 중국·일본 간의 영유권 분쟁

'피너클 아일랜드'(Pinnacle Islands)는 동중국해(東中國海) 남서부에 위치한 다섯 개의 무인도와 세 개의 암초로 구성된 군도(群島)다. 이 군도는 현재 일본이 실효 지배하고 있으나 중국은 자국의 영토라고 주장하고 있다. 일본에서는 이 군도를 '센카쿠 제도'(尖閣諸島,〈せんかくしょとう) 또는 '센카쿠 열도'(尖閣列島)라 부르고, 중국에서는 '댜오위다오'(钓鱼台)와 그 부속도서 (钓鱼岛及其附属岛屿)라 부른다.

1895년 청일전쟁 와중에 일본은 이 군도를 무주지(無主地)라며 일방적으로 자국 영토로 편입시켰다. 제2차 세계대전이 끝나자 미국은 이 군도(群島)를 자국이 위임통치하는 오키나와의 관할 안에 두었고, 1972년 오키나와 반환 이후에는 자동적으로 일본이 실효 지배하고 있다. 2차 세계대전 당시 카이로 선언과 포츠담 선언은 일본이 불법으로 점령한 타국 영토를 모두 반환하도록 했다. 중국의 입장은, 일본이 1895년 청일전쟁에서 승리하면서 할양받은 대만(Taiwan)과 그 부속 도서인 댜오위다오는 카이로 선언과 포츠담 선언에 의해 중국 영토로 귀속되는 것이 당연하다는 것이다.

댜오위다오에 대한 일본의 실효 지배는 1951년의 '샌프란시스코 강화조약'이 불씨로 작용했다. 이 조약에서 댜오위다오를 중국에 돌려주지 않고 류쿠(琉球)열도에 포함시켜 미국이 신탁통치 하도록 했기 때문에, 1972년 신탁통치가 끝나자 자연스럽게 그 지배권이 일본에 넘어갔기 때문이다. 중국은 이것이 애초에 잘못되었다는 주장이다. 반면 일본은 댜오위다오(센카쿠)가 일본 영토가 된 것은 1872년 이후의 일이라고 주장하며 계속 무주지(無主地) 논리를 펴고 있다. 일본의 주장은 이렇다. 오키나와에 살던 일본 상인(商人) 고가 다쓰시로(古賀辰四郎)가 1884년에 센카쿠열도를 발견했고 그 뒤 정부의 조사를 거쳐 무주지(無主地)으로 확인했다는 것이다. 이에 일본은 1895년 내각 결의로 센카쿠열도를 일본 관할에 포함시켰다.

하지만 이 군도에 대해서는 역사적으로 중국령이라는 증거가 압도적으로 많다. 중국은 명(明)나라 때 댜오위다오가 대만의 부속도서에 포함됐다는 것을 증명하고 있다. 청나라 때는 대만 지방 정부의 행정관할에 속했다고 밝힌다. 그것은 일본 상인이 발견했다고 하는 시기보다 앞선 1871년에 청나라 정부가 발간한 역사서 『중찬복건통지』(重纂福建通志)에서 이미 대만성 소속으로 돼 있음을 말한다.

결론적으로 일본은 댜오위다오와 이 부근 도서가 일본 상인에 의해 발견되었고, 그 후 일본 정부는 무주지임을 확인한 후 1895년 1월 14일 오키나와현에 정식 편입했다고 주장한다. 반면 중국은 그 일이 있기 훨씬 이전부터, 그리고 1863년에 작성된 지도에 표시된 바와 같이 이미 이 군도가 중국 푸젠 성(福建省)에 부속된 '댜오위다오군도'(釣魚台群島)로 표시되어 있다는 입장이다.

역사적으로는 이 부근의 군도(群島)는 분명히 푸젠성에 속했던 타이완성의 부속 도서였다. 제2차 세계대전 이후 타이완섬을 반환한 이후에도 미국이 이 군도를 중국 측에 반환하지 않고 오키나와의 관할 안에 두며 통치한 것은, '샌프란시스코 강화조약' 회의가 중화민국과 중화인민공화국 모두가 초청받지 못한 상태에서 열렸기 때문이었다. 때문에 중국은 이 섬들에 대한 일본의 점거를 승인한 적이 없다고 주장하는 것이다.

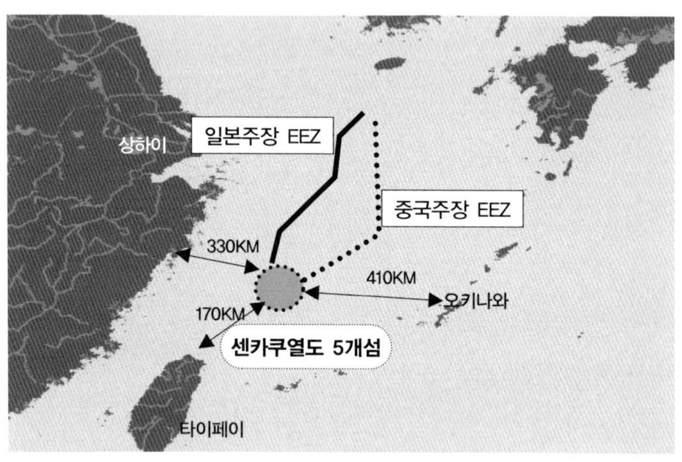

센카쿠열도(댜오위다오)를 두고 첨예하게 대립중인 중국과 일본

일본이 이 군도를 첨각열도(尖閣列島, 센카쿠열도)라 표기하기 시작한 것은 청일전쟁이 종결된 이후이며, 그 이름은 1884년 영국 해군이 붙인 '피너클 아일랜드'(Pinnacle Islands, 첨탑 모양의 뾰족한 섬들이란 뜻)를 번역한 것이라 볼 수 있다. 이 군도의 분쟁은 막대한 석유가 매장되어 있다고 추정되는 시라카바 가스전과 깊

은 관련이 있다. 이 지역의 동중국해에는 '흑해(黑海)유전' 만큼이나 많은 석유가 매장되어 있다고 알려져 있다. 중국과 일본 양국이 다투고 있는 시라카바 가스전은 물론 한국과 일본 양국이 다투고 있는 7광구도 이곳에 있다.

댜오위다오를 둘러싼 역사적 사실과 아울러 막대한 해양자원이 매장되어 있다는 점 때문에 중국의 입장은 단호할 수밖에 없었다. 마침내 중국은 '댜오위다오'를 자국 영해로 할 것임을 선언했고, 이는 곧 중국과 일본 간의 영토 분쟁이 공식적으로 선언되었음을 의미한다. 일본이 센카쿠 열도에 대한 국유화 조치를 취했을 때 원자바오 중국 총리는 "우리 영토에서 반보(半步)도 물러설 수 없다"고 강력히 반발했다. 이에 대해 차기 일본 총리로 유력한 아베 자민당 총재는 "1㎜도 양보하지 않을 것"이라고 맞받았다.

베이징대의 한 동아시아 전문가는 댜오위다오(센카쿠) 분쟁을 "장기판의 졸(卒)과 같다"고 분석했다. 겉보기에는 작은 섬을 둘러싼 싸움 같지만 그 뒤에는 동아시아 정치라는 큰 판이 있다는 뜻이다. 100여 년 전 청·일전쟁 때는 신흥 일본이 먼저 도발하고 중국이 몰리는 입장이었으나, 지금은 대국(大國)으로 떠오른 중국이 일본을 몰아세우는 모양새다. 역사는 돌고 도는 법인가 보다.

중국은 댜오위다오에 대한 주권을 주장하면서 마침내 부속 해역을 규정하는 영해기선(領海基線)을 설정하였다. 영해기선 설정은 주향해양에 입각한 '대양공정'(大洋工程)의 일환이다. 중국은 그간 획득한 변방 영토를 역사·문화적으로도 자국화 하려는 동북공정, 서북공정 등을 추진해 왔다. 대륙을 하나로 묶어 안정화시키겠다는 의욕적인 전략이다.

물론 이러한 공정은 주변국들과의 불화를 불가피하게 만든다. 그리고 이제는 해양영토에 대해서도 평정하려는 시도를 지속적으로 펼치고 있다. 댜오위다오는 물론이고, 남중국해의 스프래틀리 제도(중국명 난사군도), 파라셀 제도(중국명 시사군도), 황옌다오(필리핀명 스카보러 섬)에서도 당사국들과 동시다발적 마찰이 벌어지고 있는 것은 이 때문이다.

3. 중국, 베트남·필리핀 등과 영유권 분쟁

중국이 베트남과 영유권 분쟁을 빚고 있는 남중국해의 난사(南沙)·시사(西沙)·중사(中沙)군도 관할을 위해 싼사(三沙)시라는 행정도시를 건립하기로 하자 베트남은 난사군도·시사군도에 대

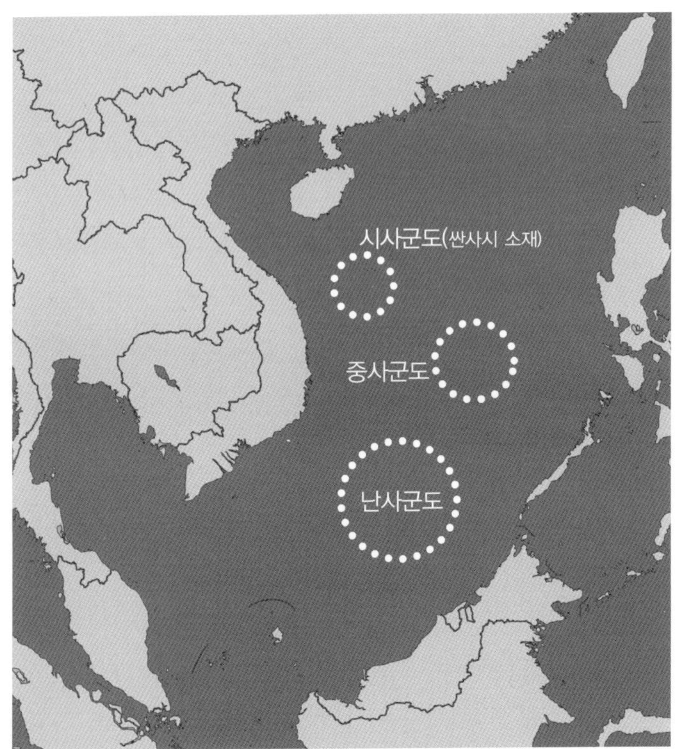

남중국해에서 중국과 주변국들 간의 주요 분쟁 지역

한 주권을 명시하는 내용으로 해양법을 개정, 이 일대를 둘러싼 국가 간의 분쟁이 가열되고 있다.

중국 국무원은 3개 군도를 통합 관할하는 싼사시 설립안을 비준했다. 싼사시 인민정부(시청)는 시사군도에 있는 융싱다오(永興島)란 섬에 위치하게 된다. 융싱다오는 면적이 1.8㎢로 남중국해에서 가장 큰 섬이며 일주도로와 공항, 부두를 갖추고 있다. 중국은 싼사시 설립을 통해 3개 군도에 대한 중국의 주권을 재천명하면서 주권 보호에 강력한 의지를 드러낸 것이다.

중국의 이번 조치는 베트남 국회가 최근 해양법을 개정해 시사군도와 난사군도가 자국 관할 범위 안에 있다고 규정한 이후 나온 것이어서 이 지역을 둘러싼 양국의 주권(主權) 다툼은 더욱 가열될 것으로 보인다. 중국은 2010년부터 남중국해를 '핵심 이익 지역'(核心利益地域)으로 규정하고 해역 대부분에 대해 영유권을 주장하고 있다. 해저자원은 물론이고 해상 교역로를 확보하기 위한 것으로 풀이된다. 중국은 1962년에 인도와 1979년에는 베트남과 전쟁을 벌이는 등 영토문제에 관해서는 일체의 타협 없이 완력으로 밀어붙이는 자세를 보이고 있다. 중국의 동해함대와 남해함대는 최근 신형 반항모미사일인 '잉지(鷹擊)-62' 발사 훈련까지 진행했다. 이 미사일의 사정거리는 300~500km이다. 중국 '하이난섬'(海南島)에 배치된 이 미사일은 파라셀 제도와 베트남까지도 도달할 수 있다.

중국은 필리핀과도 대치하고 있다. 남중국해 시사(西沙)군도 황옌다오(黃巖島, 스카보러 섬) 사태에서 치열한 병법(兵法)을 동원하고 있다. 필리핀 군함이 이 섬 부근에서 조업 중인 중국어선에 대한 나포를 시도하면서 양국의 대치가 시작됐다. 중국의 반응이 거세자자 필리핀은 '국제중재 회부'를 들고 나왔다. 이 섬이 중국에서는 1,111km 떨어져있으나 필리핀에서는 불과 233km 떨어져 있으니 중재로 가면 유리하다는 판단에서이다. 그러나 원(元)나라 때부터 자국 영토라고 주장하는 중국은 이를 받아들이지 않고 있다. 중국은 필리핀 뒤에 미국이 있다고 주장하는 등 남중국해 분쟁은 여러 나라가 직간접적으로 얽혀 있어 날로 복잡해지고 있는 양상이다.

4. 중국 해방파(海防派)의 부활

태평천국의 난을 진압한 증국번(曾國藩) 군대는 죽은 후에 두 파로 나뉜다. 소위 새방파(塞防派)와 해방파(海防派)이다. 새방파는 중국내륙의 변경지대, 즉 신강과 몽골지역을 방어하는 데에 국력을 우선 집중해야 한다는 노선이다. 사실 중국은 역사적으로 볼 때 북방 유목민족으로부터 많은 시달림을 받았다. 많은 돈과 인력을 투입하여 만리(萬里)나 되는 장성(長成)을 쌓았던 이유도 이들 유목 민족으로부터 받은 스트레스 때문이었다. 청나라 말기에도 신장(新疆) 지역이 문제 지역으로 떠올랐고, 새방파는 이 문제를 해결하지 못하면 두고두고 나라의 화근이 된다고 보았다. 병법의 대가라고 알려졌던 좌종당(左宗堂)이 새방파의 우두머리였다. 좌종당은 직접 병력을 이끌고 나가서 투루판, 우루무치, 마나스, 카슈가르 지역을 평정하였다.

반면에 이홍장(李鴻章)을 필두로 하는 해방파는 바다를 방위하는 데에 주력해야 한다고 역설하였다. 영국, 프랑스, 미국을 비롯한 서구열강들이 바다를 통해서 쳐들어오기 때문에 해군력 강화가 중요하다는 논리였다. 그리하여 북양함대가 만들어졌던 것이다. 북양함대가 보유했던 전함 25척 가운데 정원호(定遠號)와 진원호(鎭遠號) 핵심 두 기함은 당시 독일에서 건조한 최신예 군함으로서 배수량이 당시 세계최고 수준인 7,000여 톤에 달했다. 이홍장은 러시아나 서북쪽의 유목민족보다 훨씬 위협적인 세력이 서양 제국주의 세력이라고 보았던 것이다. 그러나 새방파인 좌종당은 구미 열강은 중국의 영토에 대한 욕심은 없고 단지 교역을 통한 이익 때문에 몰려오는 것이라 하면서 해방파와 노선 경쟁을 했다.

청일전쟁 패배 이후로 물속에 가라앉아 있었던 해방파가 오늘날 물 밖으로 나오고 있다. 마침내 항공모함 '랴오닝 함'이 진수됐다. 19세기 중국의 북양함대가 21세기 들어와 복원되고 있는 듯한 인상이다. 21세기 중국의 '랴오닝'은 해양패권을 노리고 있는 상징이다.

뉴질랜드에서 동북쪽으로 3,000km가량 떨어진 인구 약 1만 1,000명의 작은 섬나라 쿡 제도(총면적 240㎢)가 있다. 이곳에서 미국은 아시아 복귀 선언 이후 아시아태평양 지역에서의 영향력 확대 경쟁을 벌이고 있는 중국과 치열한 외교전을 벌이고 있다. 미국무장관 힐러리와 클린턴과 중국 외교부 부부장 추이톈카이(崔天凱)가 쿡 제도의 라로통가 섬에서 열린 태평양도서국포럼(PIF) 회의에 참석해 회원국을 상대로 각종 지원을 내놓으며 상대국을 견제하고 나섰다.

중국은 2005년부터 이미 쿡 제도와 통가, 사모아 등에 6억 달러 이상의 장기저리 차관을 제공했고 지난해부터는 환경보호와 경제개발을 위해 추가로 지원 사업을 시작했다. 그러자 지금까지 이 지역에 큰 비중을 두지 않던 미국이 처음으로 국무장관을 PIF 회의에 참석시키며 '한발 늦은 외교'를 만회하기 위한 노력을 하고 있다. 미국 국무부 회의에서는 중국을 겨냥한 듯 "남태평양지역이 하나의 강대국에 의해 주도되지 않고 균형이 이뤄지도록 할 것"이라고 밝혔다. 그리고 이 지역 경제 발전을 위한 3,200만 달러의 추가지원 계획까지 발표했다. 클린턴 장관은 이 지역에서의 불법 어로 활동과 잠재적 분쟁을 예방하기 위해 미국 해군과 해양경찰의 주둔을 늘리기로 쿡 제도와 합의했다.

이에 대해 중국은 "중국은 평화와 안정, 발전을 추구하는 방향으로 태평양 도서국에 구체적 지원책을 실행해 왔다"고 강조했다. 중국은 지난해부터 태평양 도서국의 상업 중심지 개발과 대학건립, 사회기반시설 건설을 지원해 왔고 자연재해가 발생한 국가에는 인도주의적 지원도 제공했다고 상기시켰다. 중국은 이 지역의 환경보호를 위해 6,000만 달러를 기부하고 기후변화에 대응하기 위해 3,100만 달러가 필요한 국제공동프로젝트도 3년간 운영할 계획이라고 약속했다.

뉴질랜드 전략연구소(CSS)의 선임연구원 마이클 파울스은 "중국은 미국과 이 지역 간에 군사협력이 확대되는 것을 가장 우려하고 있다"고 말했다. PIF는 오세아니아 16개국(자치정부 포함)이 만든 지역 협력기구로 매년 경제개발과 안보 등에 대한 회원국 간의 협력을 강화하기 위해 회의를 열고 있다. 클린턴 미국무부장관은 인도네시아 중국 동티모르 브루나이를 거쳐 아시아태평양경제협력체(APEC) 정상회의가 열리는 러시아 블라디보스토크도 방문, 각국 정상들과 동아시아지역의 영토분쟁을 계속 논의했다. 중국이 주항해양(走向海洋)의 해방(海防)을 뛰어넘어 해양제패(海洋制覇)로 향하고 있는 것을 견제하기 위함이다.

5. 중국, 한국과 이어도(離於島) 분쟁

(1) 이어도의 역사

이어도는 마라도 남쪽에 위치해 있는 암초다. 조선 영조 때 제주도 선비 장한철(張漢喆)이 과거를 보기 위해 한양에 가기 위해 배를 탔다가 풍랑을 만나 동남해의 바다에 표류한 적이 있었다. 그가 다섯 달 만에 겨우 살아와 지은 책 표해록 (漂海錄)에는 여인국(女人國) '이어도'에 도달할 지도 모른다고 용기를 내는 대목이 있다. 파랑도(波浪島)라고도 불렀듯이 이어도는 예부터 파도가 유난스럽다. 그래서 제주 아낙들은 돌아오지 않는 남편을 여인국에 빼앗긴 것으로 여겼던 한 많은 섬이었기도 했다. 한편으로는 여인들에게는 환상인지는 몰라도 남편으로부터 구차하게 구속받지 않고 살 수 있는 이상향(理想鄕)으로도 알려져 있었다. 그래서 일에 지친 제주도 아낙들에게는 꿈속의 섬이었다는 전설이 있다.

이 전설 속의 이어도가 세상에 제대로 알려진 것은 1900년 영국 상선 '소코트라호'가 제주 남쪽 바다에서 암초에 걸려 좌초된 후부터다. 영국 해군이 1910년 수심 5.4m 아래 암초를 측량한 이후 이어도의 국제 명칭이 '소코트라 암초'(Socotra Rock)가 되었다. 이어도는 제주 마라도에서 서남쪽으로 149km 떨어져 있다. 섬이라고 하지만 실제로는 봉우리 4개의 수중 암초로서 1984년 제주대학 탐사팀이 확인한 결과 암초의 정상부(頂上部)가 해수면

4.6m 밑에 있다. 그래서 파고가 10m이상 돼야 모습을 드러낸다. 이어도가 전설의 섬이 된 것은 그런 높은 파도를 이기고 무사히 살아 돌아온 사람이 드물었기 때문이었던 것으로 짐작된다.

이어도 종합해양과학기지

우리나라는 이 바닷속 암초 위에 2003년 해저 40m, 해상 36m의 400평짜리 구조물을 건설하고 해양기지를 세웠다. 이 해양기지에는 첨단장비 108점을 설치, 해양조류와 어류의 동태를 조사하고 태풍의 진로와 강도를 미리 관측할 수 있어 전설 속의 희망을 과학화 했다. 지난 87년에는 제주해양수산청이 이어도 등부표(燈浮漂, Lighted buoy 선박항해에 위험한 곳임을 알리는 무인등대와 같은 역할을 하는 항로표지 부표)를 설치하고 이 사실을 국제사회에 공표했다. 2003년에는 한국해양연구소의 첨단 관측 장비와 헬리콥터 착륙장을 갖춘 종합해양과학기지도 완공했다.

중국은 이어도에 대하여 한국의 법률적 권리를 인정 할 수 없다고 억지를 부리면서 중국 이름인 '쑤옌자오'(蘇岩礁)를 붙이고 있다. 중국은 중국식 이어도 명칭 쑤옌자오(蘇岩礁)를 중국 고대 문헌 『산해경』(山海經)에 등장하는 '蘇山'이라는 섬 이름과 연결시키고 있다. 하지만 쑤옌자오라는 명칭 역시 영국 상선 '소코트라 호'로부터 나온 것이다. 소코트라를 중국어로 음역한 것이 쑤옌자오일 뿐인데 중국이 견강부회를 서슴지 않는 것은 역사적 권원을 주장하기 위한 전초 작업이다. 중국은 이어도를 "동중국해 북부의 수면 아래에 있는 암초"라고 하면서 2006년 두 차례 2007년 두 차례 이어도를 항공 순찰했다. 오늘의 중국은 지난날 그들의 해방(海防)정책을 패권적인 주향해양(走向海洋)으로 몰아가고 있는 것이다.

(2) 이어도에 대한 중국의 탐욕

중국은 지금 한반도의 영토와 영해에 대해서 탐욕을 드러내고 있다. 한국의 고대 역사를 왜곡하는 소위 동북공정(東北工程)을 통해 한반도 북부(북한지역 일부)에 대한 연고권을 묵시적으로 주장해 온 중국이 이제는 한반도의 남쪽 끝 이어도에 해양공정(海洋工程)을 꾀하고 이어도까지 자국 관할이라고 주장하면서 해양감시선과 항공기를 동원한 정기순찰 대상에 포함시킨 바 있다.

중국이 아무리 미국에 이어 세계 2위의 군사비를 지출하는 군사대국이라 해도 이 같은 안하무인의 완력자 노릇을 하는 것은 좌시할 수 없다. 이러한 중국의 군사굴기(軍事崛起) 즉, 동북아 군사패권과 해양패권 추구가 이웃 국가들에게 해를 끼치지 않는다고 강변한들 누가 믿겠는가!

이어도는 한국과 중국의 배타적 경제수역(EEZ)이 중첩되어 있는 해역에 존재하고 있기는 하지만 명백히 한국에 더 근접해 있다. 이어도는 한국 남단 마라도에서 149km 떨어진 반면, 중국 측에서 가장 가까운 상하이의 앞바다 서산다오에서는 거리가 287km, 그 앞바다인 퉁다오섬에서도 247km나 떨어져 있다. 국제관례대로 겹치는 수역의 중간선을 택하면 이어도는 우리 EEZ에 속한다. 하지만 중국은 해안선의 길이, 배후 인구 등을 고려하면 자국의 EEZ가 동쪽으로 더 확장될 수 있으며 이 경우 이어도의 관할권이 중국에 있다고 주장하고 있다. 국제해양법은 중간선을 경계로 하는 것을 원칙으로 하고 있다.

중국이 이어도마저 침탈하려는 시도를 여과 없이 드러내는 데에는 두 가지 이유가 있다. 첫째는 이어도가 위치한 해역이 한·중·일 3국의 배타적 경제수역(EEZ)이 겹치는 곳으로서 석유와 천연가스 등 해저 지하자원이 풍부한 때문이고, 둘째는 국력신장과 함께 해양지배권을 확대하려는 데 있다. 중국은 이어도 영유권을 주장함으로써 한국과의 EEZ 경계획정에서 우월한 협상고지를 선점하고자 한다. 그리고 더 중요하고 음흉한 속셈은 군사적인 이유 때문이다.

상하이(上海)에서 남북으로 펼쳐진 중국 연안 해역은 양쯔강에서 흘러나온 토사의 퇴적으로 수심이 얕다. 따라서 상하이와 저우산(舟山) 일대에 기지를 둔 중국 동해함대가 이동하려면 일단 태평양 쪽으로 나갔다가 목적지로 갈 수밖에 없다. 이어도 해역은 그 길목에 있어, 중국 동해함대는 바다로 나가든지 기지로 돌아오든지 반드시 이곳을 지나야만 한다. 또 중국함대가 한국 동해로 들어가기 위해서도 이곳을 통과해야만 한다. 이 때문에 중국은 이어도 해역에 대한 연고권을 쌓기 위해 온갖 노력을 다하고 있다.

지금 이어도 해역은 중국 휴어기를 제외하고는 늘 중국 어선들로 뒤덮여 있다. 중국 어선들의 이 같은 행위가 중국 정부로부터 조장되는 이유는, 중국 함대의 동해 진출 길목으로서 막중한 전략적 가치를 지닌 요충지인 이어도 해역에 대해 실질적인 연고권을 쌓기 위한 노력의 일환이다. 또한 EEZ 경계획정에 대한 교섭이 시작될 경우 '전통적 어업권'을 주장하기 위한 포석도 깔려 있다고 볼 수 있다.

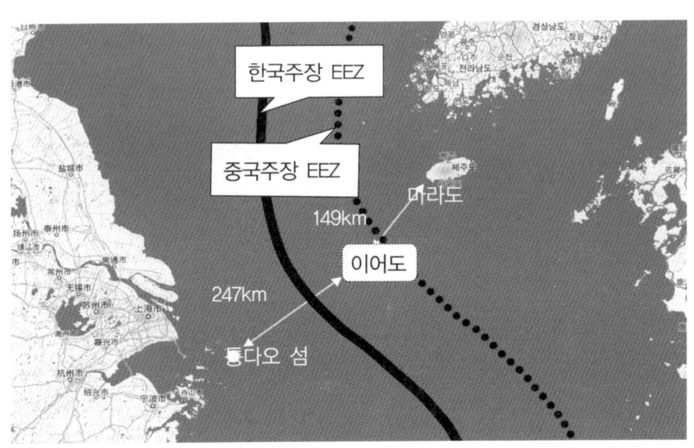

이어도까지의 한·중 국토의 거리 및 양측의 주장

우리가 이를 차단하기 위해 화급한 것은 두 가지이다. 하나는 이어도 종합해양과학기지 주변에 폭 500m의 안전수역을 설치함으로써 그곳이 우리 관할 하에 있음을 국제사회에 보여주는 일이고, 다른 하나는 해양경찰의 인력과 장비를 증강하는 일이다. 이어도는 수중 암초이지만, 관할권 문제로 한국과 중국의 서해 배타적경제수역(EEZ) 획정협상이 16년째 표류하는 현실을 주목해야 한다. 이어도 해역은 역사상, 국제법상 당연히 우리의 관할권 내에 있어 중국의 관할권 주장에 대해 과민반응을 보일 필요는 없다. 하지만, 지혜로운 대응책은 준비되어 있어야 한다.

즉, 이어도는 단순한 분쟁과 대립의 대상이 아니라, 이어도 해역과 이어도 기지를 인류공영의 자산으로 일찍부터 인식한 우리가 과학연구 등을 주도적으로 진행해 왔다는 사실을 해외에 제대로 알리고 인정받는 관점이 필요하다. 이를 위해서 대외적으로는 이어도 기지를 적극적으로 활용해 국제 관측프로그램과 연계하여 기후 등 지구환경 변화에 따른 동북아시아의 해양환경 변화에 대한 연구를 진행하고, 그 기록을 후대에 전해지도록 해야 한다. 대내적으로는 이어도 해역에 대한 자연과학적 측면에서의 조사는 물론, 인문학, 사회과학을 아우르는 다학제적(多學際的)인 조사와 연구를 진행하는 것이 필요하다. 이러한 노력을 통해 이어도의 자연과학적, 역사적, 문화적 가치를 조명하고, 인접국들을 주도해 가는 학술적 성과를 이끌어 냄으로써 자연스럽게 대한민국의 이어도를 세계에 알릴 수 있을 것이다. 이제 관할권 분쟁이라는 배타적인 시각에서 벗어나 이어도를 해양의 평화적인 이용을 상징하는 아이콘으로 부각시키는 노력이 필요하다.

6. 포스트 해양패권 투쟁

(1) 중국의 '랴오닝' 전함과 아시아 해역의 전운(戰雲)

기원전 그리스 해역에서 시작된 해양패권은 지중해를 장악한 로마를 거쳐, 대항해시대 서유럽 국가들의 대서양 장악과 중남미 정복을 지나, 태평양을 비롯한 주요 해양에 대한 미국의 해양 패권 시대를 거쳐 이제는 중국의 아시아 해양 패권 추구 시대로 진행되고 있다. 지금 중국은 새로운 해양패권 국가로 급성장하고 있다.

오늘의 중국은 2,500여 년 전의 아테네를 연상하게 만든다. 아테네가 강국으로 떠오른 것은 에게해를 중심으로 한 해상무역에서 부를 축적한 덕분이다. 최근 30년간 중국이 무역으로 부국이 된 것도 그와 같다. 중국은 이제 댜오위다오(釣魚島, 센카쿠) 뿐만 아니라 남중국해의 시사군도(西沙群島, 파라셀군도)와 중사군도(中沙群島, 메이클즈필드 뱅크), 난사군도(南沙群島, 스프래틀리군도), 황예다오(黃巖島, 스카보러섬) 등은 물론이고 심지어 한국의 이어도까지 자국 영토(관할 해역)라고 주장하고 나섰다. 중국은 오는 2015년까지 연해 각성(省)에 무인항공기를 이용한 원격 감시 기지를 건설하고, 관할 해역에 대한 무인기 감시를 전면적으로 확대할 것이라고 밝혔다. 동북아의 영토분쟁은 이러한 중국의 해양패권 과욕에서 비롯되고 있다.

지금으로부터 120여 년 전 인 1891년 7월, 청나라 북양 함대 소속 '정원함'(定遠艦)을 비롯한 군함 여섯 척이 축포 속에 위풍당당하게 일본 요코 하마항을 친선 방문한 일이 있었다. 당시의 해군력을 비교하면 청나라가 세계 8위, 일본은 16위였다. 이에 자극받은 일본은 온 나라가 해군력 증강에 나섰다. 정부는 해군 공채(公債)를 발행해 세계에서 가장 빠른 순양함을 영국에서 사들였다. 왕실과 귀족과 부호들이 앞을 다투어 돈을 내놓았다. 심지어 어린이들 사이에도 '정원함 잡기 놀이'라는 것이 유행할 정도였다.

청나라 해군의 주력이었던 '정원함'

그러한 일이 있고 나서 3년 뒤, 조선에서 일어난 동학혁명을 빌미로 청나라와 일본이 한반도와 서해(西海)에서 맞붙었다. 결과는 청나라의 완패였다. 그 몇 년 동안 청나라는 한 척의 군함도 늘린 것이 없었다. 군함들은 중국 남부지방에서 서태후에게 바치는 과일을 실어 나르는 일에나 투입됐다.

청일전쟁의 결과 중국은 해군력이 약한 종이호랑이 일뿐이라는 사실을 온 세상에 알렸다. 일본에 패전한 청나라는 동북 랴오닝(遼寧)의 광대한 땅과 아울러 대만과 그 부속섬들을 일본에 빼앗겼다. 당시 일본 1년 예산의 네 배에 해당하는 백은(白銀) 2억 냥도 배상금으로 지불해야 했다. 중국이 기억하고 싶지 않은 쓰라린 근세 역사였다.

중국의 첫 항모 '랴오닝호'

그로부터 오랜 세월이 흐른 2012년 9월 15일, 중국은 마침내 다롄(大連)에서 동북아 최초의 항공모함 랴오닝호를 취역시켰다. 병사 2,000여 명, 항공기 50여 대에 중국이 개발한 최신예 젠15전투기를 탑재할 수 있는 전함이다. 다롄은 청일전쟁 초기 서해에서 일본에 패한 중국 군함이 도망쳐 갔던 곳이다. 오늘날 중국이 옛 소련의 항공모함 바랴크를 개조해 내놓으면서 붙인 이름이 하필이면 치욕의 역사를 떠올리게 하는 '랴오닝'이라는 사실이 예사롭지 않다.

지금 중국은 청일전쟁 때 일본이 날치기해갔다고 주장하는 댜오위다오를 놓고 일본과 충돌 직전까지 가 있다. 100여 년 전 동아시아에 드리웠던 먹구름의 그림자가 다시 어른거린다. 문제는 지금 중국이 그때와 같은 종이호랑이가 아니라는 사실이다.

중국과 일본, 중국과 베트남 사이의 해양 영토 분쟁이 급기야 미국과 중국의 해양패권 경쟁으로 번지고 있는 역사적 시기에 접어들고 있다. 오늘날 중국과 일본의 댜오위다오(釣魚島, 센카쿠열도) 영유권 분쟁은 동아시아 지역의 안보 질서에서 냉전시대 종료 이후 전례 없는 전운을 불러일으키고 있고 독도를 사이에 둔 한국과 일본의 분쟁까지 가세되면서, 제2차 세계대전 이후 동아시아의 질서를 주도해 오던 미국이 곤경에 빠져들고 있다. 중국과 일본이 계속 마찰한다면 이 지역에서 미국의 주도적 지위는 굳건해질 것이다. 미 · 일 군사동맹 체제는 더욱 유지 강화될 수도 있다. 그러나 한 · 중 · 일 간의 해양 영토 문제가 전면 대립으로 확대되거나 나아가서 무력 충돌이 발생한다면, 이것은 미국이 절대로 원하지 않는 일이 될 것이다. 무인도 때문에 미국이 전쟁에 말려드는 것일 뿐 아니라 동아시아 경제는 이로 인해 출렁이고 쇠퇴해지면서 미국의 무역과 금융에 큰 피해를 주게 될 것이다. 미국은 이제 일본을 다스려야 할 때다.

오늘날 일본의 우익 세력들이 한국과 중국에 저지른 위안부 문제나 난징대학살에 대해 엄연한 과거 역사를 부인하는 것은 일본 스스로 국제사회의 일원이 될 수 없음을 드러내는 파렴치한 짓이다. 그것은 오로지 일본 스스로의 책임이다. 하지만 그보다 더 중요한 영토 문제에서까지 일본이 제국주의 시대의 향수를 잊지 못하고 터무니없는 주장을 고집하는 배경에는 1951년 샌프란시스코 강화조약으로 대표되는 조약이 빌미가 되고 있다. 또 그 이후 일본 편향적인 미국의 정책도 일본의 입장에 힘을 실어주고 있는 게 사실이다. 즉 제2차 세계대전 종전 이후 국제질서를 결정한 미국의 탓이 크다는 얘기다.

당시 미국은 소련과 공산주의를 막기 위해 영토 문제 및 군국주의 잔존세력 처리 등의 문제에서 일본을 감쌌음은 물론 일본이 약해지지 않도록 지원했다. 그 결과 전후 유럽에서 독일과는 달리 일본의 군국주의는 철저히 청산되지 않았고 그것이 오늘날 동아시아 지역분쟁의 씨가 되고 있다. 미국은 현재 벌어지고 있는 중국과 일본, 한국과 일본 간의 영토 분쟁에 대해 단순히 중립적 입장을 취하면서 적당히 얼버무려서는 안 된다. 미국이 일본의 극단적 우익 세력을 제어하지 않는다면 동아시아 안보 질서의 붕괴를 불러오면서 미국은 큰 곤경에 처하게 될 것이다.

(2) 남중국해 평화법

동아시아의 해양영토 분쟁은 파고가 점점 높아지고 있다. 격화되고 있는 중국 · 일본 간의 센카쿠열도(댜오위다오) 분쟁뿐만 아니라 중국과 필리핀 · 베트남 사이에도 도서의 영유권 및 해상 경계 획정을 두고 감도는 긴장은 여전하다. 냉전만 끝나면 모든 문제가 해결될 듯 했지만 이념의 종말은 오히려 그 동안 닫혀 있던 전통적 갈등의 판도라 상자를 열어젖힌 셈이 되고 있다. 유럽과 달리 역사의 앙금이 가시지 않은 동아시아에서 민족주의, 고토(古土)회복주의, 국수주의가 함께 맞물리면서 투쟁국면을 만들어 내고 있는 것이다.

이러한 상황에서 미국 하원은 '남중국해 평화법'을 발의했다. 미국이 남중국해 분쟁에 관해 중국을 비난하는 성명을 발표한 데 대해 중국이 내정간섭이라며 "우리는 미국에 그 입을 다물라고 말할 자격이 있다"고 말한 지 하루만의 일이다. 남중국해 평화법은 중국이 이웃 국가를 계속 위협하고 국제법적 근거 없이 광범위한 영토 소유권을 주장하는 점이 우려된다며 평화적 해결 증진을 촉구하는 내용이 요지다.

미 · 중 양국의 신경전이 시작된 것은 중국이 남중국해 분쟁 도서 지역을 한데 묶어 싼사(三沙)시를 설립한 시점으로 거슬러 올라간다. 중국은 이같은 조치를 통해, 국제 해양수송로의 중요한 길목인 데다 막대한 해저자원과 석유 등 지하자원이 풍부한 이 일대의 영유권을 주장하기 위해 독립 행정구역을 편입했던 것이다. 베트남과 필리핀, 말레이시아 등 주변국들이 크게 반발한 것은 당연했다. 하지만 중국은 이에 아랑곳하지 않고 사단급 부대를 이 지역에 주둔시켰다. 싼사시의 상주인구를 증가시키기 위해 저가 임대주택 건설 계획을 밝히는 등 실효 지배 강화 속셈도 노골적으로 드러냈다.

이에 미국이 더 이상 참지 못하고 나섰다. 미 국무부는 "중국이 분쟁 지역에 싼사시를 설립하고 군부대 진입 의지를 드러내 주변국들의 긴장 완화 노력에 어긋나는 행위를 하고 있다"며 비난성명을 거듭 발표했다. 미 국방장관도 일본 방위상과 공동 기자회견을 하면서 남중국해 문제 해결을 위해 모든 노력을 다하겠다고 밝혔다. 아울러 센카쿠 열도가 미 · 일 상호안보조약에 따른 미군의 방어 지역에 포함된다는 점도 재확인했다. 단, 미국은 센카쿠열도 분쟁과 관련해 일본에 영유권(Sovereignty)이 아니라 입법 · 행정 · 사법권을 의미하는 시정권(施政權, Administration)만 인정한다는 기존의 방침을 재확인했다. 센카쿠 열도를 둘러싼 일본과 중국 사이의 영유권 분쟁에 대해 중립적인 방침을 천명한 것이다.

1970년대 초 오키나와 반환협정 체결 당시 미국무부는 "오키나와 반환협정이 센카쿠 영유권에 영향을 주느냐?"는 의회의 질문에 대해 "미국은 일본에 시정권을 넘겨주지만 일본과 중국 대만의 영유권 다툼에 대해 중립적인 입장을 취한다"고 답변한 내용을 여전히 유지한다는 취지다. 종합적으로 보면, 영유권 분쟁에 중립적인 입장을 취하겠다고 하면서도 센카쿠를 둘러싼 중국과 일본 간의 분쟁이 벌어질 경우 상호안보조약에 의거하여 개입할 여지를 남겨두는 이중적 태도라 할 수 있다.

21세기에 들어 아시아의 바다에서 미국과 중국의 경합을 비롯하여 여러 나라 간에 해양영토 분쟁이 이처럼 격화되고 있는 이유는 무엇일까? 19세기 말에 글로벌 해양전략론에 기초한 해양국가론의 해양굴기(海洋崛起)가 20세기 후반부터 새로운 방향으로 전개되고 있기 때문이다. 19세기 말을 거쳐 20세기에 접어드는 시점부터 미국은 확고하게 해양국가를 지향해 왔다. 그 이론적 토대를 놓은 알프레드 마한(Alfred Thayer Mahan, 1840~1914)은 해양을 '대교통로'(大交通路)라 정의하고, "국내의 생산, 해외무역, 식민지의 존재를 기본으로 하는 해양국가에서 이 세 가지 요소를 가장 잘 결합시키는 수단으로 해상의 안전보장이 필수적이다"라고 지적한 바 있다.

미국의 해양굴기는 전통적으로 유럽과 중동을 중시하는 대서양주의(大西洋主義)에서 아시아·태평양을 중시하는 태평양주의(太平洋主義)로 선회하고 있다. 미국의 태평양주의 핵심 가운데 하나는 유라시아 대륙에서 미국의 해양주의에 도전하는 세력, 예컨대 패권적인 중국의 등장을 허용하지 않는다는 대중(對中) 해상봉쇄 전략이다.

2009년에 중국이 사정거리 1천500㎞ 이상인 21D 미사일을 개발하자 미국은 제2차 세계대전 이후 전개해 온 항공모함을 주체로 하는 군사전략을 대대적으로 수정하였다. 그리하여 미국은 오키나와에 집중 배치된 미군 병력을 21D 미사일 사정권 밖인 베트남, 타이, 필리핀 등지로 이전을 추진하면서 잠수함, 위성미사일, 스텔스기를 활용하는 새로운 공해전(Air-Sea Battle) 전략을 공표했다. 미국의 아시아 · 태평양 중시 정책은 아시아 · 태평양 5개국과의 동맹강화로 가시화되고 있다. 미국의 '태평양시대로의 회귀'와 중국의 '패권적 주항해양'(走向海洋)이 충돌할 날이 오고 있다. 이에 한국은 어떻게 대처하고 있는가?

제4장

신해양 외교시대

제4장 신해양(新海洋) 외교시대

1. 해양법의 성격

법은 철학적, 윤리적 또는 종교적인 사고나 인식으로부터 생성되기도 하지만 정치, 군사, 경제 등의 실태를 규제하고 질서를 구축하기 위해 만들어진 것이 더 많다. 유럽을 중심으로 생겨난 해양법은 각국에 대한 군사적 경제적 측면의 규제를 시행할 목적으로 발전되었다.

현대에 들어와 해양 문제에 관한 대표적인 국제 성문법이 '유엔해양법협약'이다. 그러나 유엔해양법협약은 바다를 둘러싼 국제법상의 모든 사항을 규정하고 있는 것은 아니다. 예를 들면 해전법규(海戰法規)나 일련의 국제 인도법에 관한 법규범은 별도로 마련되어 있고, 선박은 국제법상으로 군함, 비상업 목적의 정부 소유의 공무(公務)선박, 사선(私船)으로 구분하고, 각각 선적(船籍)의 등록 요건, 공해나 외국의 영해 내에서 갖는 지위, 민사 및 형사재판 관할권, 입항, 비호권을 갖는지 여부 등에 관한 법적 문제는 관습법 또는 별도의 조약에 기초하여 규범을 따로 정하고 있다.

따라서 유엔해양법협약은 해양 문제의 일부분을 규정하고 있는 것에 지나지 않는다. 항만의 제도, 충돌방지, 모스신호 및 기와 수기의 사용 방법, 해난 시 구체적인 구조요청 방법, 특정 해협, 수에즈(1888년, 당사국 9개국의 콘스탄티노플조약) 및 파나마(1903년과 1977년, 미국 · 파나마간의 조약)의 운항에 대해서는 별도로 양국 간 또는 다수국 간의 조약이나 협정에서 상세한 내용을 규정하고 있다.

해양법에서 해양은 크게 영해(領海, Territorial Sea), 내수(內水, Interior Waters), 공해(公海, Open Sea)로 구분된다. 영해는 연안국의 해안에 인접한 해양으로 연안국의 주권이 미치는 일정한 범위의 바다를 가리키며, 영토 내의 강과 호수 등을 의미하는 내수는 영토와 똑같은 지위가 인정된다. 공해는 국제법상 어느 나라에도 속하지 않고 모든 나라에 개방된 해양을 말한다.

	→기선(Baseline)			
내수 (육지수역)	영해 (12해리)	접속수역 (12해리)		공해
	배타적경제수역(200해리)			

영해, 공해, 내수 구분 영역

영해에 대하여서는 외국선의 무해항해(無害航海)를 제외하고는 연안국의 주권이 미친다. 그러나 공해에서는 원칙적으로 주권이 미치지 않는다. 따라서 어느 나라도 공해에 대한 영유는 주장할 수 없고(공해자유의 원칙), 국제법의 규칙에 따라 자유롭게 이용할 수 있다(공해사용 자유의 원칙). 해양법은 국제관습법으로서 성립되었으며 보호와 해양오염의 방지라는 관점에서 공해사용(公海使用)의 자유가 제한된다. 또한 공해해저(公海海底)의 지하자원 개발은 국제연합에서 따로 검토하도록 하고 있다.

2. 영해(領海) 규정의 역사

영해는 자국 해안과 인접한 해양 연안국의 주권이 미치는 일정한 범위의 바다이다. 영해(Territorial Sea)는 국가의 배타적 영유주권이 행사되는 이른바 연안해(沿岸海)이다. 국가영역은 영토, 영수(領水), 영공으로 구성되는데, 물(水)로 이루어지는 영수(領水)는 내수(內水)와 영해(領海)로 나뉜다.

연안국의 국가 영역에 해당하는 영해의 범위에 대하여는 과거부터 학설이나 각국의 관행이 다르게 나타났다. 14세기부터 17세기에 걸쳐서는 '100해리 설', '60해리 설' 또는 '목측 가능거리 설'(육안으로 볼 수 있는 한도까지라는 설), '1일 항해거리 설'(1일 동안 항해가 가능한 한도까지라는 설) 등이 주장되었다.

그러다가 네덜란드의 법률가인 빈케르스후크(Bynkershoek, 1673~1743)가 1702년에 그의 저서 『해양주권론』에서 "국토의 권력은 무기의 힘이 그치는 곳에서 끝난다"라고 주장한 소위 '착탄거리 설'(cannon shot rule)이 근거가 되어, 영해 '3해리설'이 등장하였다. 1해리(海里, Nautical mile)는 약 1,852m인데, 당시 대포의 착탄(着彈)거리가 대체로 3해리였기 때문에 그의 주장이 다수설이 된 것이다.

이 3해리설이 해양 강대국들의 지지를 받았다. 그 이유는 해양 강대국들은 가능한 한 영해의 범위를 줄이고 공해를 확장하여 그들의 군사적 활동 자유가 제약받는 것을 방지하려 했기 때문이다. 3해리로 된 것은 18세기 초, 영국과 프랑스 간의 싸움에서 중립을 희망한 네덜란드의 주장이 존중된 것인데, 그 무렵에는 실제로 연안에서 대포의 탄환이 도달할 수 있는 거리가 3해리를 넘지 않았다. 그 후 대포의 사정거리가 증가되었으나 영해 3해리 규칙은 오랫동안 계속되어 왔다. 그러나 3해리설이 비판되면서 노르웨이와 스웨덴은 4해리설, 스페인과 이탈리아는 6해리설을 주장하기에 이르렀고 러시아는 1909년 이후 12해리 설, 엘살바도르와 우루과이는 200해리설까지 주장했다.

이와 같이 국가마다 상이한 영해의 폭을 주장하고 나서기 때문에 이에 관한 국제사회의 통일된 의견을 찾기 어렵게 되었다. 이러한 상황을 타개하기 위하여 국제적인 노력이 시도되었다. 1930년 국제연맹 주도로 '헤이그 국제법전편찬회의'가 개최되었으나 영해의 범위에 대해서는 3해리를 주장하는 국가들과 6해리를 주장하는 국가들 간의 대립으로 합의를 보지 못하였다.

그 후 1958년 국제연합 주최로 개최된 제1차 국제해양법회의에서 '영해 · 대륙붕 · 공해 · 어업 및 생물자원 보존에 관한 4개 협약'이 채택되었을 때도 영해의 범위는 결정하지 못했다. 영해의 범위를 확정하기 위하여 개최된 제2차 국제해양법회의도 각 국가 간의 대립으로 성과 없이 끝나고, 1973년에 시작된 제3차 국제해양법회의가 1982년에 와서야 '해양법협약'을 채택하면서 연안국 기선(基線, Baseline)으로부터 12해리를 초과하지 않는 범위에서 영해의 폭을 설정할 수 있다고 규정하였다.

영해에서 연안국의 권리는 주권적(主權的) 권리이고, 주권은 배타적(排他的) 관할권으로 나타난다. 따라서 연안국은 영해에서의 안전과 질서를 유지하기 위하여 국내법을 제정하여 실시할 수 있으며, 만약 외국 선박이 이를 위반하는 경우 처벌할 수 있다. 즉 연안국은 영해에서 어업에 관한 국내법을 제정 시행할 수 있고, 이를 위반하여 어로활동을 하는 외국선박을 나포하여 처벌할 수 있다. 그리고 연안국은 영해 내에서의 해상투기 및 외국선박에 의한 해양오염을 규제하기 위한 법령을 제정 시행할 수 있고, 또한 연안국은 영해 내에서 해양 과학조사에 관한 배타적 권리를 갖는다.

3. 대륙붕에 대한 해양영토 규정

(1) 대륙붕(大陸棚)에 대한 국제해양법

대륙붕에 관한 해양법 규정은 1945년 미국의 트루먼 대통령이 선언한 이른바, '트루먼 선언'(Truman Proclamation)에 연원이 있다. 이때부터 대륙붕을 가지고 있는 전 세계 연안국들이 대륙붕의 해양 영토와 개발 권한의 중요성을 거듭 인식하게 되었다. 트루먼 대통령은 해안선에서부터 수심 200m까지만을 대륙붕이라고 선언했는데, 이것은 법적인 권리의 영토임을 규정한 것이다. 트루먼 대통령의 법적 대륙붕 선언이 있었지만 이에 반대하는 여러 연안 국가들이 있었다. 그 이유는 수심 200m까지를 법적 대륙붕으로 하고 그 대륙붕 자원이 연안국의 모든 개발 권한에 속한다고 선언했기 때문이다.

칠레를 비롯한 여러 나라의 경우, 수심 200m 깊이까지로 한정하면 그들의 해저지형은 법적대륙붕으로서 사실상 매우 작은 범위의 해양 영토를 소유하는 결과가 되므로 이러한 연안 국가들은 트루먼 선언의 법적 대륙붕(해양영토) 개념을 반대한 것이다. 왜냐하면 수심 200m까지 법적 대륙붕(해양영토)으로 정의하면, 해안선에서 200m 수심 이상의 넓은 대륙붕을 소유한 연안국은 대륙붕(해양영토) 자원의 개발 권한이 크게 축소되는 것은 당연하기 때문이었다.

트루먼 선언 이후 최초로 대륙붕에 대한 연안국의 권리가 주장된 이후, 1958년의 대륙붕에 관한 협약(제네바)에서는 해안에 인접한 영해 외의 해저 구역에서 수심 200m까지의 해저 또는 그것을 초과해도 천연자원이 개발 가능한 해저를 대륙붕이라고 정의하여 대륙붕의 정의와 경계 개념이 확장되었다. 그리고 제3차 유엔해양법협약(1982)에서는 협약 제76조에 의거하여 수심 200m라는 법적 대륙붕의 정의와 틀을 벗어나 합리적(해양법적)이고 과학적인 요소를 바탕으로 한 법적 대륙붕(legal continental shelf)의 정의와 한계(outer limit)가 새로 규정되었다. 제3차 유엔해양법협약(The 3rd UNCLOS)의 제76조는 해저 해양과학(海底海洋科學)의 과학적 개념과 국제해양법적인 법률적 개념이 접목되어 성안된 조항이다.

'과학적 개념의 대륙붕'은 해저 지형적으로 또는 해저 지구 물리과학적으로 매우 다양하고 천태만상임을 감안한 것이다. 그러나 과학적 개념의 지형단위인 대륙붕(continental shelf)이란 해저지형을 그 기준으로 하고 대륙사면(continental slope)과 대륙대(continental rise) 및 심해저(deep ocean floor) 지형의 개념과 해양법적인 법률적 개념을 접목하여 76조의 1항, 2항, 3항 및 4항을 정의하였다. 즉, 영토(territory)의 자연 연장(延長)에 의한 대륙붕 영토와 확장의 법적 근원을 규정한 제76조는 새로운 과학개념과 해양법적 개념이 접목된 신대륙붕법으로 보아야 한다는 취지다. 76조 1항은 법적 대륙붕이 영토(land territory)의 연장의 해저 지형으로서 해양 영토라는 원칙을 정의한 것이다.

이 조항은 연안국의 기선에 200해리 이상으로 확장되는 경우와 200해리 이내로 한정되는 경우로 구분 규정하였다. 암석에 연결된 경우에는 해안에서 200해리까지 배타적경제수역 내의 해저를 지칭하는데, 육지 영토의 자연적 연장을 통한 해저지역 연안국 기선으로부터 자연적 연장의 끝부분까지 또는 200해리 미만인 해리까지 인정한다. 결국 연안국이 대륙붕을 탐사하고 그 곳 천연자원을 이용할 수 있는 주권적 권리를 보유를 하게 된 것이다. 즉 자연연장에 의한 대륙붕 영토와 확장의 법적근원을 규정한 제76조는 새로운 과학개념과 해양법적 개념이 접목된 신대륙붕법(新大陸棚法)인 것이다. 특히 76조 1항은 법적대륙붕이 영토(land territory)의 자연 연장에 해저 지형으로서 해양 영토라고 정의하였다. 76조 1항의 원문과 번역문을 기술하면 다음과 같다.

〈76조 1항(원문)〉

The continental shelf of a coastal State comprises the sea-bed and subsoil of the submarine areas that extend beyond its territorial sea throughout the natural prolongation of its land territory to the outer edge of the continental margin, or to a distance of 200 nautical miles from the baselines from which the breadth of the territorial sea is measured where the outer edge of the continental margin does not extend up to that distance.

〈76조 1항(번역문)〉

연안국의 대륙붕은 영해 이상의 영토의 자연적 연장에 따른 200해리 이상의 대륙주변부(大陸周邊部) 바깥(외측) 끝까지 그리고 대륙주변부의 바깥(외측) 끝이 200해리에 미치지 아니하는 경우, 영해기선으로부터 200해리까지의 해저와 하층토(下層土)로 한다. 유엔해양법협약에서는 암석이라는 개념을 두고 암석에서는 인간이 거주, 또는 경제생활을 유지할 수 없으므로 EEZ 또는 대륙붕을 가진다고 규정하였다. 암석의 경우에도 영해는 가질 수 있지만, 섬(사람이 거주하는)은 아니기 때문에 그 암석을 기점으로 하는 EEZ나 대륙붕은 없다고 규정하였다.(해양자원 편 참조).

(2) 배타적 경제수역(EEZ)

EEZ는 각국이 유엔해양법협약에 따라 규정된 범위 내에서 주권적 권리 또는 관할권을 갖기 때문에 그 부분을 다루기 위해 특별히 유엔해양법 (조약 제58조 이하)에서 여러 가지 규정을 두고 있다. 둘 이상의 국가의 EEZ 간에 또는 EEZ와 공해에 걸쳐 이동하는 고도 회유성어종인 참치, 고래, 해달, 바다표범, 물개와 같은 바다의 포유동물과 연어, 송어 등의 어종에 대해서는 특별 규정을 두고, 각국은 보존을 위해 협력해야 한다고 규정하고 있는 것 등이다.

그 규정에 의해 배타적 경제수역(Exclusive Economic Zone)은 영해 기선(基線, 출발선)으로부터 200해리 범위 내에서 연안국의 경제주권이 인정된다. 연안국은 배타적 경제수역에서, 해저의 상부수역(上部水域), 해저 및 그 밑의 생물과 비생물의 천연자원을 탐사 · 개발 · 보존 · 관리하기 위한 주권적 권리 및 해수 · 해류 · 바람을 이용한 에너지 생산 등 수역의 경제적 탐사와 개발을 위한 다른 활동에 관한 주권적 권리, 인공섬, 설비 및 구축물의 설치와 이용, 해양의 과학적 조사, 해양환경의 보호와 보전에 대하여 해양법조약에서 정한 관할권, 해양법조약에서 정한 기타의 권리를 갖는다.

연안국은 이 수역 내에서 생물 및 비생물 천연자원에 대한 주권적 권리보유와 인공섬 설치, 해양과학조사, 해양환경 보호권을 보유할 수 있다. 다른 나라 선박과 비행기의 통항 및 상공 비행자유가 허용된다는 점을 제외하고는 영해나 다름없는 포괄적 권리가 인정된다. 따라서 다른 나라 어선이 EEZ 내에서 조업하려면 연안국의 허가를 받아야 하고 이를 위반하면 나포 처벌된다. 그러나 어떤 나라가 일방적으로 2백 해리 EEZ를 선포한다고 해서 즉각 모든 'EEZ 권리'가 인정되는 것은 아니다. 통상 인접국의 EEZ와 겹치는 경우가 많아 경계 획정 분쟁이 발생하기 때문이다.

해양을 총체적으로 규율하는 새로운 법체제인 유엔해양법협약이 발효됐음에도 불구하고, 일부 연안국들은 경쟁적으로 자국에 유리한 200해리 밖의 대륙붕 존재 주장을 하는 것은 물론 자원개발도 적극 수행하고 있다. 그러면서 현재 70개국 이상이 대륙붕 한계 연장 신청서를 제출해 해양관할권 확보 경쟁을 전개하고 있다. 일본은 이미 2008년 12월 신청서를 제출했으나, EEZ와 대륙붕을 가질 수 없는 오키노도리시마 해역을 포함시켜 한 · 중과 갈

등 관계에 있다. 유엔해양법협약은 200해리까지 EEZ를 확보할 수 있는 근거 부여(최대 350해리)를 했기 때문에 국가 간에 영토 확정과 경계 확정 문제가 대두되어 분쟁을 일으키고 있다. 한 · 중 · 일 등 동북아 국가 간 양안(兩岸)거리는 400해리 이하로서 해양관할권과 관련한 외교적 갈등 빈발하고 있는 실정이다.

(3) 한 · 중 · 일 대륙붕 분쟁

오늘날 동중국해에서는 한 · 중 · 일 3국이 해양을 서로 접하고 있어 불가피하게 배타적경제수역(EEZ)이나 대륙붕 등 관할수역의 경계를 획정해야 하는 현실적인 문제에 부딪혀 있다. 이어도의 경우도 중국은 한국과 배타적 경제수역이 겹치고 있다고 주장하고 있다. 해양법에서는 중복 지역의 중간선을 경계로 한다는 원칙만 정해져 있기 때문이다. 이 원칙에 의하면 중국보다는 한국에 훨씬 가까운 이어도는 우리의 배타적 경제수역에 들어 있다.

우리나라는 2003년부터 이어도에 해양과학기지를 가동하고 실질적인 실효적인 지배를 해온 상태이다. 이 때문에 우리 정부는 "이어도는 대한민국 관할이 명확해 중국과의 분쟁 대상이 아니다"는 확고한 입장을 취하고 있다. 그러나 향후 중국이 어떻게 나올 것인지, 그리고 국제 관행이 어떤 식으로 지켜질 것인지, 결코 안심할 수 없는 실정이다.

중국 정부가 동중국해 일부 해역에서 대륙붕 경계선을 200 해리 대륙붕 밖까지 확장해야 한다는 안을 유엔에 제출키로 하면서 한 · 중 · 일의 해양 영토 갈등이 자원 분쟁으로 비화할지 주목된다. 중국 정부가 유엔 대륙붕한계위원회(CLCS)에 제출키로 한 대륙붕 경계안은 200해리 대륙붕을 넘어 350해리 대륙붕까지 포함하는 소위 '외대륙붕' 개념이다. 중국은 2009년에 이와 관련한 기본적인 입장을 CLCS에 전달한 적이 있다. 중국은 당시 "대륙붕 경계안 제출을 위한 준비작업 중"이라며 "적절한 시기에 관련안을 제출할 것"이라고 밝힌 바 있다.

유엔해양법협약 규정에 따르면 "배타적경제수역인 200해리를 초과해 대륙붕 경계선을 설정하려는 국가는 대륙붕 경계 정보를 유엔에 제출해야 한다"고 돼 있다. 현재로서는 동중국해 대륙붕 분쟁이 한국 대 중국보다는 중국 대 일본의 영토분쟁이 더 심각하게 전개되는 상황이다. 우리 정부는 "중국이 먼저 대륙붕 경계안을 낸다고 해서 유리한 고지를 선점하는 것은 아니다"며 이어도 등 분쟁 지역에 대한 중국안에 CLCS 심사가 거부될 가능성이 있다고 보고 있다.

우리 정부는 2009년 예비정보를 CLCS에 제출했다. 정부가 당시 제출한 대륙붕 경계 예비정보는 영해기선에서 200해리 바깥인 제주도 남쪽 한 · 일 공동개발구역(JDZ) 내 수역이다. 이 수역의 면적은 총 1만 9000㎢이다. 정부는 제출 예정인 문서에서도 "한반도에서 자연적으로 연장된 대륙붕이 동중국해 오키나와 해구까지 뻗어나갔다"는 기존 입장을 밝히고 있다. 이에 대해 일본정부는 '일본의 해양 권익을 침해하는 200해리를 초과하는 대륙붕 연장은 안 된다'는 입장을 밝히고 있다.

이에 따라 정부가 정식으로 문서를 제출할 경우 일본이 대응할 가능성이 커 우리정부는 중국·일본과의 해양경계 분쟁에 적극 대응할 수 있는 '해양영토관리법'(海洋領土管理法)을 제정하기로 했다. 영해 기선(基線)으로부터 200해리(370.4㎞)에 이르는 해역과 자원에 대한 주권적 권리 또 주변 국가와 배타적경제수역(EEZ)이 겹치는 곳에서는 양국 간 영해 기선을 기준으로 한 중간선을 적용하기로 하였다.

지금 일본은 독도를 영해 기선으로 주장하고, 중국은 인구와 해안선 길이를 고려할 때 중간선을 받아들이기 어렵다는 입장을 고수하고 있다. 여기에서 유념할 것은 우리의 해양 영토는 기존의 영해나 EEZ(배타적 경제수역)뿐만이 아니라, 우리나라 어선, 상선이 경제행위를 하는 해역은 모두 우리 해양 영토라고 보아야 한다는 점이다. 과학적연구(기지)도 마찬가지다. 남극의 세종기지, 다산기지(茶山基地)도 우리의 해양 영토에 속한다. 해저광물자원 채굴권이 있는 대양도 우리의 해양 영토인 것이다. 이렇게 한반도 주변 수역은 강대국들의 이해관계가 첨예하게 대립하고 있다.

최근 한층 격화된 동북아시아 해양 영토 분쟁이 동북아 전체의 협력질서를 뒤흔들고 있다. 이데올로기 이념에 따른 전통적 의미의 안보질서 붕괴까지 이어지지는 않겠지만 특히 국익을 위한 한국·중국·러시아 대 일본의 새로운 대결 구도가 형성되고 있다. 동북아에서의 영토 분쟁은 수십 년 간 지속돼 온 해묵은 이슈다. 그러나 올해는 이들 3개국이 동시다발로 일본을 공격하고 있다.

동북아 다자 갈등의 기폭제는 해양 영유권 분쟁이지만 과거사에 대한 반성 없는 일본의 태도 역시 갈등 구도를 고착화시키는 데 일조하고 있다. 3국 대 일본의 대결 구도는 앞으로 쉽게 수그러들지 않을 것으로 보인다. 러시아 태평양함대 전함의 쿠릴열도 파견은 동북아 해역에서 또 다른 갈등으로 번질 가능성이 높다. 이런 형편인데도 우리나라는 해양 영토안보에 대한 연구나 조사가 부족하다. 보다 종합적이고 체계적인 연구로서 대륙붕 확보 등 해양 영토의 확보와 이를 보호하기 위한 정책과 지속적인 해양안보(海洋安保)가 요망된다. 해양영토를 지키고 넓히는 일에 오늘의 우리 세대가 선도적으로 나서야 한다.

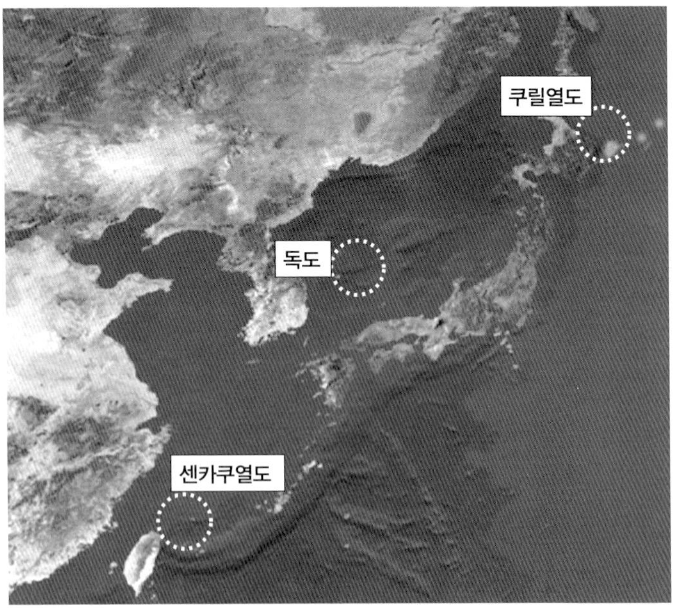

한 · 중 · 러 3국과 일본의 해상 영토분쟁 지역

(4) 한반도에서 뻗은 오키나와 해구의 경우

한국은 제주도 남쪽의 한일 공동개발구역(JDZ, 7광구) 수역의 대륙붕에 대한 과학 기술적인 조사(권리)를 인정해 달라는 요청서를 유엔대륙붕한계위원회(CLCS)에 제출하기로 했다. 200해리 바깥쪽부터 일본의 오키나와 인근까지 펼쳐진 1만 9000㎢의 우리의 해저대륙붕을 '해양영토화'하기 위해 정부가 본격적으로 나서는 것이다. "한반도에서 뻗어나간 대륙붕이 자연적인 연장에 의해 오키나와 해구까지 뻗어 있다는 것이 한국의 입장"이다. 해구는 대륙사면(大陸斜面)이 끝나는 곳에 위치한 수천m 깊이의 V자형 골짜기를 말한다. 한국은 조만간 이를 입증하는 지질학 · 해양과학 · 법적 정보를 담은 자료를 CLCS에 제출할 예정이다.

한국정부가 제출하는 대륙붕경계정보(1만9000㎢) 수역은 한 · 일 양국이 1974년 체결한 '대륙붕 남부구역 공동개발협정'이 적용되는 곳의 일부로, 남한 면적의 약 20%에 해당한다. 정부는 1999년부터 이 대륙붕에 대한 해양지질학적 연구를 본격화한 후, 법적 · 외교적 검토를 거쳐 2009년 예비 정보를 CLCS에 제출했었다. 중국도 이 수역에서 자신들의 대륙붕이 있다고 말하고 있다. 유엔해양법 76조 8항은 각국이 배타적경제수역(EEZ) 200해리 바깥쪽으로 자국의 대륙붕이 자연 연장됐다고 판단되면 관련 자료를 제출하도록 하고 있다. 이에 따라 우리나라는 지난 2009년에 이미 예비 자료를 제출했다.

정부의 이 같은 전략은 최근 한 · 중 · 일 3국이 해양주권 강화를 위해 치열하게 다투고 있는 상황에서 나온 것이다. 이것은 오

는 2028년에 한일 대륙붕 공동개발 협정이 종료되기 때문에 이에 대비하자는 뜻도 있다. 한국의 이번 조치가 취해질 경우 일본이 가장 크게 반발할 것으로 예상된다. 한국이 대륙붕 권리를 주장하는 수역은 일본과의 공동개발구역에 포함돼 있으며 일본은 "한반도에서 뻗은 대륙붕이 오키나와 인근까지 뻗어 있다"는 우리의 주장을 수용할 수 없다는 입장이다. 해양대국을 노리는 중국은 한국의 입장을 거부할 가능성이 크다. 이미 한 · 중 · 일 3국은 지난 5월 오키노토리시마(沖ノ鳥島) 문제와 관련한 CLCS의 결정을 놓고 부딪친 바 있다.

일본은 당시 보도자료를 통해 CLCS가 오키노토리시마를 섬으로 인정하고, 주변 해역 17만㎢를 비롯해 5개 지역 31만㎢의 대륙붕에 대한 일본의 개발권을 인정했다고 엉뚱한(잘못된) 주장까지 폈다. 이에 대해 중국은 "일본이 충즈다오(沖之鳥, 오키노토리시마의 중국명) 암초를 기점으로 주장한 대륙붕은 위원회로부터 인정받지 못했다"고 반박했다. 한국도 오키노토리시마는 우리와 큰 관련이 없지만 일본이 CLCS의 발표를 왜곡했다고 밝혔다. 이에 따라 우리 정부가 CLCS에 관련 정보를 제출한 이후 중국과 일본이 자국의 입장을 담은 문서를 곧 제출할 것으로 전망된다. 대륙붕은 해안에서부터 약 200m 깊이까지 대륙이 연장된 지역으로 어장(漁場)이 형성되는 경우도 많고 천연가스와 석유 등 유용한 광물이 매장돼 있어 각국이 경쟁적으로 탐사를 진행 중이다.

4. 국제해양회의의 중요성

(1) 해양관할권 조정

1994년 유엔해양법 협약발효로 연안국의 배타적 경제수역(EEZ) 관할권이 12해리 영해에서 200해리로 확대되자 세계 152개 연안국 중 125개국이 모두 배타적경제수역을 선포(1997년)했다. 152개 연안국 모두가 배타적경제수역을 선포할 경우 해양의 36%, 주요 어장의 90%, 석유 매장량의 90%가 연안국에 귀속된다. 이 때문에 70여 개국 이상은 대륙붕 한계연장 신청서를 제출해 해양관할권 확보를 두고 경쟁적 외교협상을 전개하고 있다. 일본은 2008년 12월 신청서를 제출하면서, EEZ와 대륙붕을 가질 수 없는 오키노토리시마 해역을 포함시켜 한·중 등 국제사회와 갈등 중이다.

한·중일 등 동북아 국가 간의 양안(兩岸) 거리는 400해리 이하로서 해양관할권과 관련한 외교적 갈등도 빈발하고 있는 실정이다. 일본은 2007년 4월 '해양기본법' 제정 이후, 이에 대한 국제해양외교를 위해 각 부처에 산재해 있던 해양정책 기능을 통합한 종합해양정책본부(본부장:총리)를 설치하였다. 중국은 해양강국 건설을 목표로 2008년 2월 '국가해양사업 발전계획 요강'을 공포하고 국가해양국(SOA)의 조직에 대한 개편을 단행하였다. 또 제12차 국가경제사회발전 5개년계획에 최초로 해양발전 전략을 명시하고, 국가해양사업 발전계획 요강을 승인했으며, 해양인재 육성

계획, 해양과학기술 개발계획 등을 마련 추진 중이다. EU는 미래 성장전략을 해양경제 부흥으로 설정하고 2007년에 해양정책 비전(Blue Book for Maritime Policy)을 채택하면서 유럽 주도권 유지, 해양 전통 및 정체성 강화, 해양 거버넌스를 구축했다. 영해에 한정했던 해양공간을 배타적경제수역까지 확대하여 세계 해양경제 및 해양정치에 주도권 확보를 추진한다는 것이다.

일본은 유엔 대륙붕한계위원회(CLCS)에 대한 영향력 강화를 위해 회의 개최 비용을 지원하는 신탁기금에 35만 달러를 기부하기도 했다. 향후 대륙붕한계위원회에서 발언권 확보를 위해 자금 지원을 한 것이다. 실제로 유엔 대륙붕한계위원회는 일본이 중국과 대륙붕 마찰을 빚고 있는 오키노토리시마(沖ノ鳥島) 부근의 대륙붕 확장을 인정했다.

그러나 CLCS에 일본이 제출한 60여 건의 대륙붕 확대 신청 가운데 CLCS가 오키노토리시마 북쪽 등 4개 해역 31만㎢의 대륙붕 확대를 인정한 것을 두고 일본 정부가 CLCS가 오키노토리시마(沖ノ鳥島)를 암초가 아닌 '섬'으로 인정했다고 확대 발표했다며 중국이 반발하고 있다. 대륙붕으로 인정받은 해역에 대해서는 배타적경제수역(EEZ) 밖이라 해도 해저자원의 개발권을 주장할 수 있다. 중국은 계속 오키노토리시마가 사람이 거주하지 않고, 경제활동도 이뤄지지 않는 암초이므로 대륙붕으로 인정할 근거가 없다고 주장하고 있으며, 한국도 중국의 입장을 지지하고 있다. 향후의 귀추가 주목되는 부분이다. 일본은 앞으로도 한 오키노토리시마를 섬으로 인정받기 위한 노력을 멈추지 않을 것으로 보인다.

(2) 남 · 북극해 개발경쟁

한국은 최근에 두 번째 남극기지 '장보고기지' 건설에 대해 국제사회의 승인을 얻어 착공을 할 수 있게 되었다. 남극에 과학기지를 건설하려면 ATCM(Antarctic Treaty Consultative Meeting 남극조약협의 당사국회의)에 환경보호계획 등이 담긴 환경영향평가서를 제출해 33개 회원국 전부의 동의를 얻어야 한다. 세종기지(1988년)에 이어 장보고기지가 완공되면 우리나라는 남극기지를 둘 이상 가진 9번째 국가가 된다. 남극 반도의 끝 킹조지섬에 있는 세종기지와 달리 장보고기지는 남극점에서 동남쪽으로 1,700㎞ 떨어진 테라노바만에 들어선다.

장보고기지가 들어서면 본격적으로 남극대륙을 연구하면서 자원개발에 나설 수 있게 된다. 남극 연구의 본질적 가치는 인류 공동의 미래를 위한 것이기는 하지만, 국가적인 경제기대효과를 빼놓을 수 없다. 남극에는 엄청난 양의 석유와 가스등 귀중한 자원이 매장돼 있기 때문이다. 세종기지 인근지역만 해도 한국이 300~400년가량 쓸 수 있는 가스층이 있는 것으로 알려졌다. 1998년 남극조약 당사국들이 2048년까지 남극자원의 개발을 금지하기로 합의했지만 그 전에 언제든지 영토분쟁이 일어날 수 있는 개연성이 있다. 지금도 유럽 국가들은 오랫동안 남극을 탐험해왔다는 역사를 앞세우고 있고, 남미국가들과 호주는 지리적으로 가깝다는 점을 내세우며 영토권을 주장하고 있다.

한국이 2개의 상주기지를 보유하게 되는 것은 향후 영토권을 주장할 수 있는 근거를 다진 셈이다. 남극에서의 영토권은 미래

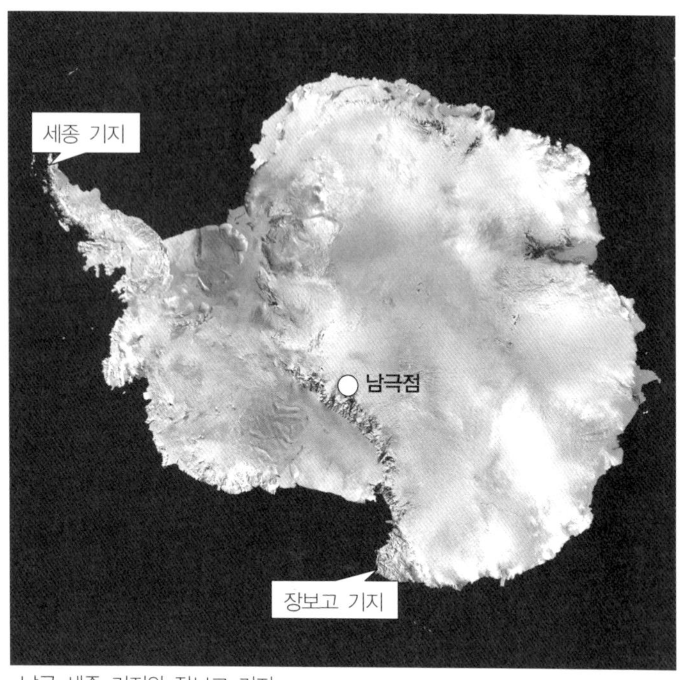

남극 세종 기지와 장보고 기지

자원부국으로 가는 열쇠가 된다. 남극 세종과학기지가 있는 킹조지섬에 인수봉(Insubong Hill), 아우라지계곡(Auraji Valley) 등 한국 지명이 붙는다. 정부는 국가지명위원회를 통해 제정한 남극지명 10개가 남극지명사전(CGA)에 올해 새롭게 포함된다고 밝혔다. 우리나라는 작년에 백두봉(Baekdu Hill), 촛대바위(Chotdae Rock) 등 한국 지명 17개를 남극의 국제 지명으로 등록했다. 이로써 우리나라는 남극에 총 27개의 국제지명을 보유하게 된다.

미국 지질조사국(USGS)은 북극지역에 전 세계 미(未)발견 석유와 가스의 22%가 매장돼 있는 것으로 분석 발표했다. 2009년 덴마크에서 분리돼 자치정부를 수립한 그린란드는 국토의 80% 이상이 빙하로 덮여 있지만 최근 남서부 지역에서 농사를 지을 정도로 따뜻해졌다. 이곳에는 석유 외에도 세계 수요의 25%를 충당할 희토류(稀土類)가 매장돼 있는 것으로 추정된다.

북극해의 얼음이 사라지면 유럽과 아시아를 잇는 새로운 바닷길도 열린다. 북극항로는 기존 인도양 항로보다 40%나 시간을 줄일 수 있다. 북극은 북극해를 포함한 북위 66.56도 이북 지역을 말한다. 면적은 지구표면의 약 6%에 해당하는 2,100만㎢에 이른다. 북위 90도의 북극점을 중심으로 약 1,400만㎢의 얼음바다인 북극해가 펼쳐져 있다. 동토(凍土)와 얼음바다뿐인 북극은 그동안은 접근이 어려워 과학연구나 탐험 목적 외에는 주목을 받지 못했다. 하지만 지구 온난화가 북극의 운명을 바꿨다. 얼음이 녹으면서 개발비용이 뚝 떨어졌기 때문이다. 북극은 탐험의 시대에서 개발의 시대로 접어들었다. 광대한 시베리아를 거느린 러시아, 알래스카의 미국, 캐나다, 그린란드가 북극 해빙(解氷)의 최대 수혜국이 될 것으로 보인다.

러시아 미국 캐나다 노르웨이 덴마크 등 북극해 인접 5개국은 2008년 그린란드 일룰리사트에서 북극해의 권리를 자신들이 보유한다고 선언했다. 그러나 일본 영국 중국도 북극 자원개발에 나섰다. 한국 대통령으로는 처음 그린란드를 공식 방문한 이명박 대통령은 "그린란드처럼 그린(녹색)을 유지할 수 있도록 경제개발을 하고 싶다"는 뜻을 밝히고 자원개발의 물꼬를 텄다. 혹한이 인간의 한계를 시험하고 유빙이 떠다니는 북극은 1909년 미국의 로버트 피어리가 걸어서 북극점을 밟기 전까지만 전인미답의 경지였다. 당시 53세의 피어리는 북극점을 정복한 감격에 겨워 "정복됨을 슬퍼하지 말라. 북극점이여, 나와 함께 눈물을 흘려다오"라고 외쳤다. 한국 원정대도 1991년 세계에서 11번째로 북극점을 밟았다.

(3) 국제해양기구회의 적극적 활동

한국은 EEZ에 대한 체계적인 전략을 갖고 접근해야 한다. 한·중·일 3국이 각각 주장하는 대륙붕이 모두 중첩돼 있기 때문이다. 국제사법재판소는 대륙붕에 대한 각국의 주장이 엇갈릴 경우 관련된 국가끼리 공동 개발할 것을 권유하고 있다. 일각에서는 한·중·일 3국이 초국가적 공동개발기구를 설립하는 것이 한국에 가장 바람직하다고 주장한다. 동중국해의 대륙붕은 해저자원이 많이 있기 때문에 3국이 함께 기술과 자본을 대고 공동개발에 의한 이익 배분을 하면 좋은 결과를 낼 수도 있다는 논리다. 이와는 달리 유엔 대륙붕위원회(CLCS) 등 국제 해양기구를 통해 일본을 압박하면서 한일 공동개발구역 개발을 서둘러야 한다는 주장도 있다. 일본은 2028년 한·일 공동개발 협약이 만료되면 이 수역의 70~80%를 가지려 하므로 일본과의 공동개발을 신속하게 추진해야 한다는 것이다.

여기에서 그동안 우리 해양 역군들이 땀 흘려 일구어 놓은 대한민국의 해양력을 기반으로 앞으로는 우리 젊은 해양 인재들이 세계의 해양 정책과 제도, 법규들을 만들고 통제하는 국제기구들(예: CLCS 등)에 많이 진출해야 하는 명제에 부딪힌다. 바로 그것이 글로벌 해양강국, 대한민국을 만들어 갈 지름길이다.

각종 국제해양회의에 관한 국제회의기구는 다양하다. 유엔 대륙붕위원회(CLCS)를 위시해서 남극조약당사국회의(AICM), 국제해사기구(IMO), 세계해양포럼(WCF), 정부간해양학위위원회(IOE), 국제해양재판소(ITLOS), 국제항만협회(IAPH), 국제선급연합회(IACS) 등 전 세계에 걸쳐 영향력을 발휘하는 해양관련회의는 굵직굵직한 것만 해도 30개가 넘는다. 이런 국제해양회의는 '거버넌스'로 활동하는 게 특징이다. 거버넌스(Governance)는 이해관계자들의 상호협의 체제이다. 그것은 정부 식의 전통적 통치가 아니라 관리이고 협력이라는 뜻으로서 즉 통치(統治)가 아니라 기능의 협치(協治)라고 할 수 있다.

한국은 태평양권의 공해 및 도서국가 EEZ 내에서 독점적 탐사권(5.4만㎢)과 개발권(7.5만㎢)을 확보하고, 2008년에는 통가왕국 EEZ 내 2.4만㎢, 2011년에는 피지공화국 EEZ 내 3만㎢에서 해저열수광상을 개발할 수 있게 되었다. 그리고 2002년도에는 이미 국제심해저기구(ISA)로부터 북동 태평양해역 7.5만㎢(남한면적의 75%)에 망간괴 독점 개발광구를 확보하는 데도 성공하였다. 해양거버넌스가 국제적인 문제를 거론하고 있는 현실에서 그 동안 우리는 내부적으로 통합적인 해양거버넌스를 구축하지 못한 점은 다소 부끄러운 일면이 있다. 21세기는 국제협력의 거버넌스를 통한 해양외교력 강화가 필수요건인 시대다. 아세안・아프리카 해양개발 협력체제 구축이나 태평양 도서국들과의 전략적 협력체제 등 국제 해양 주도권 확보에 더욱 힘써야 한다.

그 일환으로 부산에서 매년 가을에 열어온 세계해양포럼(WOF)이나 프랑스 파리 등지에서 격년제로 열리는 국제해양컨퍼런스(GOC) 등 해양관련 국제회의를 적극유치 개최하거나 세계 해양 무대에서 우리나라 위상을 더욱 확보해야 한다. 우리 한국이 녹색기후기금(GFC)사무국을 인천송도로 유지하는 데 성공했다. 국제기구는 2006년 기준으로 총 58,859개 존재하고, 이 가운데 23,000여 개가 활동을 하고 있다. 그런데 이처럼 많은 국제기구 대부분이 선진국에 몰려 있다. 미국이 UN과 IMF, 세계은행을 포함해 3,646개로 가장 많고, 벨기에가 유럽연합(EU) 본부 등 2,194개, 프랑스가 경제협력개발기구(OECD) 본부 등 2,079개이다. 그런데 한국은 27개로 거의 꼴찌 수준이다. 일본(270개), 태국(133개) 등 다른 아시아 국가에도 크게 밀린다.

유엔 산하기구에 대한 한국의 분담금 총액은 전체 가입국 가운데 11위에 속하지만 프로젝트 수주는 70위권에 머물고 있다. 지금까지 국제기구에서 한국의 활동은 걸음마단계 수준이었다. 이번 GCF 유치를 계기로 더 많은 우리 젊은이들이 국제기구에 진출하도록 더 유도해 한국과 한국인의 국제 기여도를 높이고 그에 걸맞은 실리를 찾아야 하겠다.

(4) 해양거버넌스

거버넌스(governance)는 거번먼트(government:정부)로서의 역할뿐만 아니라 사회관계의 복잡한 요소(위험)을 통제하려는 관련 행위자들의 논의 및 결정과정, 문화와 전통, 사회적 규약과 제도 등에 따라 작동하는 사회적 협치(協治)행위이다. 이는 이를테면 과학기술적인 차원에서의 접근만이 아니라 과학기술이 미처 예상하지 못한 요소들을 포함한 것들 즉 복잡성의 국제차원의 문제에 대한 공동대처의 의미다. 그런데 이것이 제대로 작동하려면 복잡성(위험)에 대한 투명한 공개와 사회적 공유 그리고 이에 대한 책임 있는 확인능력이 필요하다. 이 때문에 여러 이해당사자 국가들 간의 소통이 매우 중요하다. 그런데 국제 해양거버넌스, 즉 국제 기구들을 실질적으로 움직이는 사무국은 주로 유럽과 미국 등에 산재해 있다. 20세기까지 세계의 해양계를 주도하던 서구 국가들이 국제기구들을 선점한 때문이다.

21세기 전후 들어서야 국제 거버넌스 국제기구 쟁탈전에 일본이 뛰어들었고, 최근엔 중국도 열심이다. 미래의 블루오션인 해양분야를 놓고 이러한 국제기구에서 치열한 경쟁이 벌어지고 있기 때문에 미국, 중국, 일본 등은 자국 정부의 해양기관 유치에 총력을 경주하고 있다. 해양연구기관 수가 분야별로 많기 때문에 특성화에 따라 바다를 지배하기 위한 각각의 협치 기관에서 로비에 안간힘을 다 쏟는다. 국제분쟁의 법적해결이 주 임무인 국제사법재판소(ICJ)의 경우 유엔 안전보장이사회 상임이사국 5석과 아시아 2석, 아프리카 3석, 중남미 2석, 유럽 및 기타 3석이다. 임기는

9년이며, 유엔 총회와 안보리에서 선출된다. 1991년 유엔에 가입한 우리나라는 아직 재판관을 진출시키지 못하고 있다.

ICJ의 결정은 법적 구속력을 갖는다. 판결대로 이행하지 않으면 상대국이 유엔 안보리(安保理)에 제소하고, 안보리는 판결 집행에 필요한 조치를 취할 수 있다. 일본이 독도를 자기네 땅이라고 우겨대며 ICJ 법정으로 가져가려는 의도도 여기에 있다. 일본 재판관은 있는데, 우리나라 재판관은 없기 때문에 자기들이 유리한 판결을 얻어낼 가능성이 있다고 판단한 것이다. 독도 문제를 국제사법재판소(ICJ)에 맡기자는 자기들 제안에 한국이 응하지 않으면 일방적 제소도 불사하겠으며 여의치 않으면 1965년 한·일 국교정상화 때 교환됐던 '분쟁 해결에 관한 교환공문'에 따른 절차에 회부하자는 것이 내용이다. 일본이 독도문제 처리를 ICJ 이외에 '분쟁 해결에 관한 교환공문'과 연결시키고자 하는 일본의 의도에 대해서는 주의해야 한다.

독도는 신라 지증왕 13년 이래 우리 고유의 영토였으며, 이 같은 사실은 독도를 평화선 안에 포함시킨 1952년 1월 18일의 '인접해양에 대한 주권선언'에 의해서도 확인되고 있다. 그럼에도 일본이 시도하는 이유는 독도문제를 국제해양 거버넌스에서 분쟁화해서 '양자적' 또는 '국지적인' 것에서 '국제화'시킴으로써 일본이 포진하고 있는 거버넌스에서 로비(외교력)로 이겨보자는 속셈이다.

독도 문제와는 대조적으로 중국과의 센카쿠열도 분쟁이나, 러시아와의 쿠릴열도 4개 섬 갈등에 대해서는 일본이 ICJ를 거론조차 하지 않는다. 현재 ICJ에 중국의 쉐한친, 러시아의 레오니드 스코트

니코프가 재판관으로 버티고 있어 ICJ에 제소해봤자 아무런 득이 안 된다고 보기 때문이다. 지금 우리 한국은 유엔해양법협약 규정에 따른 분쟁과 소송을 관할하는 ITLOS(국제해양법 재판소)의 경우, 현재 재판관과 사무차장 등 겨우 두어 명이 일하고 있다. IMO(국제해사기구)엔 협력부국장과 예산부국장 등 3명, CLCS에는 1명, IACS(국제선급협회)에 1명이 참여하고 있다.

한국이 21세기 글로벌 해양국가로 가기 위해서는 우리의 역량 있는 해양 인재들이 국제 해양거버넌스 기구에 참여토록 해야 한다. 한국은 국제 해양기구에서 아직 제자리를 못 잡고 있다. 한국은 유네스코와 IOC는 물론 국제해사기구(IMO)나 국제해양법재판소(ITLOS), 유엔대륙붕한계위원회(CLCS), 국제항만협회(IAPH), 국제선급연합회(IACS), 경제협력개발기구(OECD) 수산위원회 등을 비롯한 유력 국제해양기구에 대부분 가입하여 담당하는 분담금도 막대한데도 아직 사무국이 하나도 없는 것은 바로 해양외교 부재를 말하는 것이다.

(5) 일본 오키노토리의 경우

이 섬은 1980년대까지도 침대 2개 넓이의 암초 오키노토리(沖ノ鳥)에 불과했다. 그러 했기에 일본이 1931년부터 자국 영토라고 주장했지만 각국은 크게 주목하지 않았다. 이 암초가 국제정치적으로 눈길을 끌기 시작한 것은 1987년부터였다. 일본 정부는 이 섬에 콘크리트를 쏟아 붓고 면적을 넓혔다. 암초를 보호하기 위한

방파제까지 만들었다. 그 결과 지름 50m, 높이 3m의 콘크리트 인공물이 들어섰다. 3억 달러를 투입하여 인공성형 암초로 변신시킨 대형 공사였다. 그 후로 일본은 이 인공암초를 일본 '국토의 최남단섬'이라 불렀다. 일본 오키나와현 하테루마시마(波照間島)를 최남단으로 표시하는 비석을 세웠던 역사까지 의식적으로 지워버렸다.

일본은 19년간의 이런 준비를 거쳐 드디어 2008년 유엔 대륙붕한계위원회(CLCS)에 청원서를 제출했다. 오키노토리를 사실상 '섬'으로 인정해 달라는 요청이었다. 이 주장이 받아들여진다면 일본은 한반도 1.5배 크기인 32만㎢의 대륙붕 개발권을 얻는 결과를 낳는 것이다. 얼마 전 CLCS가 의장 성명을 통해 이 주장을 기각하기 전까지 일본은 언론을 통해 "유엔이 오키노토리를 섬으로 인정했다"는 거짓말까지 서슴지 않았다. 오키노토리 문제에서 일본은 무리수를 두고 있는 것이다. 이 일로 일본은 한국과 중국으로부터 다시 한 번 '일본은 믿지 못할 나라'라는 인식을 재확인 받았다.

하지만 일본의 해양 외교세력은 오키노토리를 섬으로 만들려는 노력을 계속하고 있다. 일본 총리는 거의 매년 바뀌지만 오키노토리를 비롯한 대륙붕 정책은 계속 인계되면서 직진하고 있다. 이번 CLCS 총회에서 오키노토리는 섬으로 인정받지 못했지만, 그러나 다른 섬들을 기점으로 한 31만㎢의 대륙붕 개발권을 인정받았다. 돈으로 환산하기 어려운 성과를 거둔 것이다.

일본 영토면적은 세계 61위이지만, 영해와 배타적 경제수역(EEZ)을 합치면 한반도의 약 20배인 447만㎢로서 세계 6위이다.

일본은 해양자원 확보를 위해 독도에 이어 산호초인 오키노토리까지 자기 땅이라고 주장하는 것이다. 자국(땅)의 해안에서부터 200해리인 약 370㎞ 수역에서 수산자원 및 광물자원 등을 개발할 수 있는 권리를 가질 수 있기 때문이다. 기본적으로는 해안에서 200해리까지 배타적경제수역 내의 해저에 대한 권리를 지칭하지만, UN해양법조약에 근거, 해저의 지각이 육지와 같은 지질인

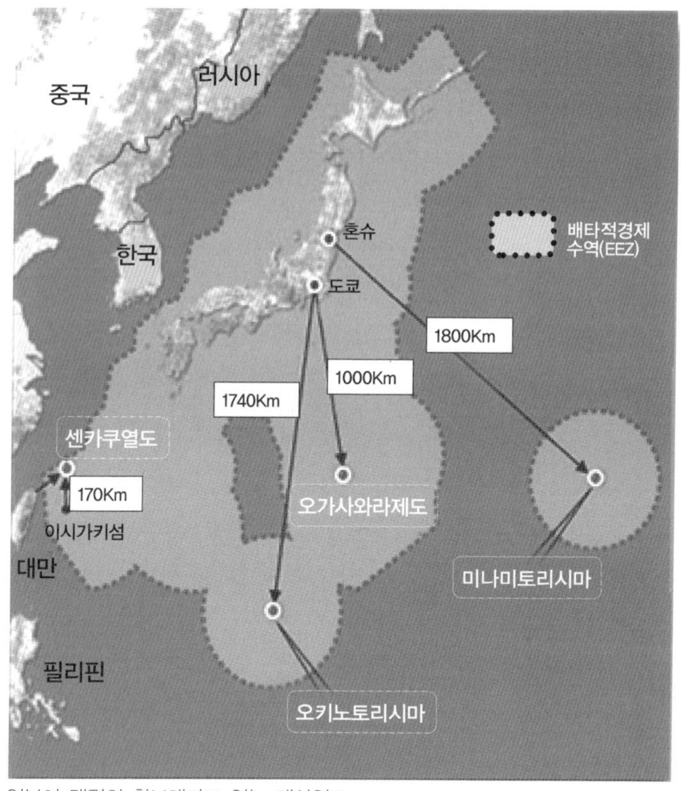

일본이 맹렬히 확보해가고 있는 해상영토

것을 증명하면 최장 350해리(약 650㎞)까지도 연장해 해저자원 개발이 가능하다.

미나미토리섬의 경우 도쿄에서 1,800㎞나 떨어진 괌 근처 태평양에 있다. 망망대해 한가운데에 겨우 축구경기장 하나 정도(1.5㎢)가 달랑 떠있는 모양새다. 일본은 이 외딴섬의 행정구역을 그들의 수도인 도쿄도에 편입시켜 놓았다. 물론 상주 주민은 단 한 명도 없으면서 수도로 간주해 지키겠다는 것이다. (남쪽 끝 오키노토리섬의 주소 역시 도쿄도이다.)

이 섬은 해발은 겨우 15㎝ 정도이다. 물 위로 나온 면적은 고작 10㎡에 불과하다. 더블베드 사이즈의 암초급이지만, 대륙붕을 많이 가진 이 섬을 지키려는 일본의 노력은 눈물겹기까지 하다. 그것이 행여나 바다에 잠길까 하고(바다에 잠기면 공해(公海)가 되기 때문) 무려 4,000억 원을 쏟아 부어 방파제를 쌓고, 티타늄 합금의 망까지 씌워 덮었다. 덕분에 일본은 이 섬 주변 200해리의 EEZ 40만㎢를 확보하고 있다. 더블베드 크기의 섬 하나로 한국의 EEZ(약 30만㎢)를 다 합친 것보다 넓은 영해를 확보한 것이다. 이렇게 태평양 서북쪽을 온통 자기 바다로 만드는데 맛을 본 일본이 어찌 독도에 눈을 흘기지 않겠는가!

제5장

해양자원 개발경쟁

제5장 해양자원 개발경쟁

1. 해양어업 개발

(1) 미래 식량, 해양 수산물

해양(영토) 분쟁과 관련해 흔히 제기되는 것이 주권, 대륙붕, 에너지, 광물자원 문제지만, 중국이 부상(浮上)한 후 파생시킨 또 하나의 중요한 측면이 있다. 오늘날 중국의 부강(富强)은 13억 중국인의 식단을 크게 변화시켜 1970년 5kg에 불과했던 1인당 연간 수산물 섭취량을 25kg까지 증가시켰다. 급증하는 수요에 맞추기 위해 중국 어업은 연안 수산물의 포획을 벗어나 넓은 바다로 나아가야 했고, 이는 곧 우리의 서해 EEZ의 불법어로 등 여러 국가와의 영유권 및 경계획정과 연관된 갈등을 일으키는 요인으로 작동하고 있다.

오늘의 세계에서 인구 증가에 대비하고 곡물의 감산을 대체할 수 있는 식량 자원은 오직 수산물이다. 더욱이 가뭄과 같은 이상기후의 영향을 상대적으로 덜 받는 식량 자원은 수산물이고 바다의 수산생물은 환경의 변화에 따라 이동성을 가지고 있고, 가두어

양식하는 인위적인 관리도 가능하기 때문이다. 그러나 바다의 수산생물은 과도한 어업 활동에 의한 남획으로부터 좀처럼 회복되지 못하고 있다. 세계식량농업기구(FAO)에 의하면 2009년 기준으로 세계 각국에서 어획되는 주요 어종의 상태를 분석한 결과, 57.4%가 남획 수준이고 29.9%가 과잉 어획 수준, 12.7%만이 추가 어획 가능 수준을 보였다.

그렇다면 해답은 양식(養殖)에서 찾아야 한다. 미래학자 앨빈 토플러와 피터 드러커, 그리고 윌리엄 하랄 교수 등은 수산양식이 미래의 주력산업으로 부상해야할 것이라고 전망했다. 미국의 경제전문지 이코노미스트지 역시 농업의 녹색혁명(綠色革命)에 상응하는 수산양식혁명(水産養殖革命)이 일어날 것이라고 전망한바 있다. 더욱이 바다의 생태계는 최하층이 식물 플랑크톤, 그 위에 동물 플랑크톤, 그 위에는 플랑크톤을 주식으로 하는 물고기(정어리, 전갱이) 등과 수염고래 등 다른 물고기를 잡아먹는 물고기, 포유동물 순위다. 그 정점에 서있는 것이 인간이다.

지구 표면적의 71%를 차지하는 바다에는 육지생물의 7배에 달하는 30여만 종의 해양생물이 서식하며, 육지에 비해 월등히 높은 생산성을 보유한다. 해양의 단위 면적당 식량(어류와 각종 수산물 등) 생산능력은 육지의 20배가 넘으며, 특히 어류는 연간 1억톤 이상을 지속적으로 재생산한다. 바다는 육상생명체가 생존을 유지하는 데 있어 절대적인 기여를 하고 있다.

20세기 들어 어업 방법에 큰 변화가 일어났다. 이미 개발되어 있던 트롤(저인망) 어법과 드리프트넷(유망) 어법 등이 기술 진보에 따라 성능도 좋아지고 규모도 커지면서 원양어업이 발전했다. 우리 원양어선은 전 세계에서 500여 척이 활동 중이다. 원양어업을 통한 어획량은 약 250만 톤으로 우리나라 전체 어획량의 30%에 이르고, 1조 원이 넘는 어획고 수입을 올리고 있다. 소말리아 해적이 활동하는 인도양에서도 30여 척이 연평균 2만여 톤의 참치 위주 어업 활동을 하고 있다. 또한 선상(船上) 가공과 냉동기술의 발달에 따라 원양에서 포획한 물고기나 고래를 신속하게 가공하여 신선한 상태로 모항(母港)까지 가지고 돌아올 수 있게 되었다.

이와 같은 변화와 진보는 그만큼 인류의 어획량을 급속하게 증가시켰다. 따라서 최근 들어 더욱 어족자원의 보존과 지속적 이용을 위한 관리가 필요하게 되었다. 이를 위해서 해양관리에 대한 각종 국제조약이 체결되고 국제협력이 이루어지고 있다. 어패류와 해양에 살고 있는 포유류의 포획량, 포획방법, 그 장소, 이들의 규제 수단 등에 대한 각종 조약이 그것이다. 단 해중의 플랑크톤, 식물류(해조류, 다시마 등)의 채취, 물고기의 인공양식 등은 타국이 갖는 경제수역의 관할권을 존중하면서 행해지는 한 특별이 수량적인 규제는 없다.

FAO 등 국제기구들은 전 세계 수산물의 공급 감소와 가격 상승을 전망하며 머지않은 미래에 식량전쟁이 초래될 수 있다는 경고의 메시지를 보내고 있다. 그렇다면 우리가 우선적으로 고려할 사항은 무엇인가? 그 답은 공급이 감소하는 육지 생산 식량에 대비한 어업개발 노력이다. 미래 식량전쟁에 현명하게 대응하지 못할 경우, 큰 문제에 반드시 당면하게 될 것이기 때문이다. 국제경제협력개발기구(OECD)와 유엔식량농업기구(FAO)는 'OECD-FAO 농업 전망 2011-2020' 보고서를 통해 곡물, 육류 등 향후 10년간 식량 가격의 상승과 공급부족을 예측 발표하였다. 인구증가, 신흥경제국의 수요 급증으로 인류의 생존과 직결된 소위 FEW(Food, Energy, Water)에 있어, 육상의 생산 공급으로는 만성적 부족으로 나타났기 때문이다.

유엔수자원개발은 식량 부족으로 매일 2.5만 명이 굶주림으로 사망하고 9.4억 명이 기아에 직면하고 있으며, 앞으로 석유는 39년, 천연가스는 59년, 석탄은 114년 후면 고갈 우려에 직면해 있고, 물(식수)도 2050년에 이르면 20~70억 명이 만성적인 부족에 직면한다고 보고했다. 그러면서 동 보고서는 지금까지 다루지 않았던 수산(어업)분야를 새로 추가하고 그 해결 대안을 제시했다.

우리 한국은 일제강점기와 6.25전쟁을 끝내고 1950년대 이후 바다에 눈을 떴다. 정부가 해운입국(海運立國), 수산입국(水産立國)을 국가적 어젠다로 내걸었고, 이때 원양어업 개발에도 나섰다. 이 해양정책이 오늘의 경제대국 한국을 낳게 한 원동력이다. 이것이 씨(seed)가 되어 우리한국도 본격적으로 해양시대가 열리면서 1996년에 해양개발 이용, 해저광물 자원 탐색과 채굴, 남북극 진출, 그리고 해양에너지 개발 등 다양한 해양과학 기술이 집중적으로 연구되고 있다.

(2) 양식(養殖) 수산업

미래의 식량 공급 수단으로 주목받고 있는 양식업은 다양한 분야에서 어류 양식기술 발전과 함께 확대되고 있다.

정수식(靜水式) 양식, 지중(地中) 양식이라고도 하는 못양식은 바닥이나 못둑이 흙으로 된 상태인데 그대로 쓰기도 하나 콘크리트나 돌담으로 못둑을 튼튼하게 만들기도 한다. 못 양식에서는 배설물 등의 정화가 자체 정화능력에만 의존하므로 좁은 면적에 물고기를 너무 많이 넣으면 산소가 부족해지고, 배설물이 정화되지 못하여 못 바닥과 수질이 오염되므로 면적 당 생산량이 낮다.

유수식(流水式) 양식은 못에 물이 계속 흘러들어가고 나가도록 하면서 양식하는 방법이다. 흘러들어 가는 물의 산소를 이용하고, 나가는 물에 따라 배설물이 나가므로 많은 물고기를 넣어서 기를 수 있다. 이 방법은 연어와 송어 등 냉수성 어류에 주로 쓰이나 잉어와 은어 등 온수성 어류의 양식에도 이용되기도 한다.

가두리 양식은 그물로 만든 가두리를 수중(水中)에 띄워놓고 그 속에서 어류를 양식하는 방법이다. 그물코가 클수록 물의 교환이 잘 되어 산소 공급이나 배설물 처리에 유리하지만 어린 것을 기를 때는 그물코가 작은 것을 사용해야 하는데, 이때 그물코에 이끼가 잘 끼고 막히는 일이 많으므로 사육 결과가 좋지 않을 때가 많다. 지금은 수산물 총 수요 충족을 위해 선택적 증산 정책으로 10대 전략 품목을 선정하고 해삼, 전복, 갯벌, 참굴, 광어(넙치), 김, 미역, 새우, 뱀장어, 능성어, 관상어를 집중적으로 양식하고 있다.

순환 여과식 양식은 수조 속의 같은 물을 계속 순환 여과시킴으로써 수중의 유해한 오염물질을 제거함과 동시에 용존산소를 많게 하여 적은 수량으로 많은 어류를 양식하는 방법으로 수족관이나 가정에서 관상용 어류를 기르는 데 많이 쓰이던 방법을 대규모화한 것이라 볼 수 있다.

최근에는 도심 한복판에서도 양식장을 운영하고 있다. 운송비가 해결될 수 있기 때문이다. 다만 대량의 바닷물을 끌어와야 하는 등 경제적 · 기술적 문제는 있다. 이 경우 바다 양식장보다 외부환경 통제가 쉬워 폐사율이 3%에 그친다. 수조 공간에 따라 과학적으로 물고기 투입량을 조절하고, 사료로 영양을 맞추면서 질병을 막기가 쉽기 때문이다. 미국은 바다에서 엄청나게 먼 내륙에서도 유사한 시스템을 이용한 아쿠아리움을 운영하고 있다. 창조적 시스템을 통한 수산업의 경쟁력 강화시대가 온 것이다.

오늘날 해양수산물 가공업은 단순 생산 및 가공업에서 탈피해서 완제품 수출을 위한 가공무역형 우회산업 구조로 전환하고 있다. 어장→생산→유통(교역)→소비의 과정에서 친환경 친생태 정책을 도입해야 한다. 친생태계 어장 관리는 친생태계적 어장 수용력 도입, 양식어장 오염개선, 어장 위생관리 등을 말하고, 친생태계 생산체제 확립은 수산자원 육성, 저탄소, 친환경 어구, 친환경 배합사료 등을 말한다.

또 해외 수산자원의 확보를 위해서 연안국과의 수산협력 확대, ODA 및 EDCF를 활용한 양식 노하우를 원조하고 수산물 총수요 충족을 위한 생산능력 확충을 위해서 친생태계적 생산에 기반을 둔 선택적 증산 정책을 마련하고 경쟁력을 강화해야 한다. 기후변화로 인하여 세계 식량안보가 위협 받는 상황에서 우리의 양식 기술력을 더욱 발전시켜 식량 증산과 고품질의 식품 공급에 앞장서고, 나아가 개도국 및 저개발국 지원에도 눈을 돌려야 한다.

최근 아프리카와 동남아시아를 비롯한 개발도상국에서 '수산 한류' 붐이 일고 있다. 세계 각국의 수산 관계자들이 선진국의 수산 양식 기술을 배우기 위해 우리나라를 앞을 다투어 찾으면서 한국의 양식 기술과 노하우가 세계로 널리 전파되고 있다. 양식 분야의 해외 협력 사업은 식량 문제로 어려움을 겪고 있는 개발도상국가 국민들에게 단백질을 공급하는 동시에 경제발전에 도움을 주는 일종의 인류 공헌 사업이다.

또 양식 산업이 포화 상태에 달한 우리나라로서는 수산 자원이 풍부하고 양식 환경에 적합한 세계 각국들과의 적극적인 교류로 국내 양식 산업을 해외로 넓힐 수 있는 좋은 기회가 되고 있다. 알제리 사하라사막에 새우 양식장을 건설하는 등 우리의 양식기술을 동남아 · 남미 · 아프리카 곳곳에 이전하여 서로 윈-윈 하는 호혜적 협력사업을 펼쳐 나간다면 우리나라는 수산강국 비전을 현하고, 우리 국민 모두 청색혁명의 행운을 함께 누릴 수 있게 되리라 확신한다.

2. 해양자원 개발

(1) 해저광물 확보 경쟁

해양 산업은 해양에서 자원을 얻거나 탐사활동 · 공간이용 등을 통하여 이익을 추구하는 모든 기업활동을 말한다. 그 중에서도 해저의 해양 광업을 위시해서 해양 에너지산업, 해양 토목과 · 해양 구조물 산업(예 플랜트)과 같은 해양 개발과 관련된 해양 산업은 사실상 그 자체가 해저의 자원이나 다름없다. 이러한 분야의 해양 산업은 전반적으로 초기 단계에 있으며, 첨단기술의 발전과 함께 그 발전이 가속화되고 있다.

1970년대 초 세계 석학들의 모임인 '로마클럽'에서는 20세기 후반부터는 지구상의 광물 자원의 고갈로 경제성장이 한계에 부닥치게 된다고 경고한바 있다. 1970년대 말 지미 카터 전 미국대통령은, 2000년대 초 지구는 자원고갈과 환경오염으로 재난을 맞게 될 것이라고 역설했다. 실제 이러한 현상은 석유 · 석탄 등 중요 자원의 고갈에 대한 위기의식, 환경오염에 의한 생태계의 파괴와 농경지의 사막화, 동식물의 멸종으로 나타나고 있다. 이 때문에 해양자원에 대한 새로운 인식을 갖게 되었고, 해양산업의 경제적 가치가 크게 부각되기 시작하였다.

그러나 해양은 특수한 환경조건을 갖고 있으므로, 해양자원을 개발하기 위해서는 해양물리 · 화학 · 생물학 · 지질학 등의 기초

해양과학을 비롯하여 기계 · 전자 · 토목 · 조선공학 · 기상학 · 잠수의학 등 응용과학이 총동원되어야 한다. 따라서 해양 산업은 여러 가지 기술을 필요로 하는 시스템 산업의 특징을 가지므로, 다른 산업에서 개발된 기술을 이용할 뿐만 아니라, 이 산업을 통해서 개발된 기술은 다른 산업에 파급 효과가 크다. 한국의 해양 산업은 수출주도 산업의 하나이다. 앞으로 해양토목, 구조물 및 석유개발 장비 생산 분야에서 큰 발전이 예상된다. 해양 산업은 전반적으로 초기 단계에 있으며, 첨단기술의 발전과 함께 발전이 가속화될 것이다.

지구 표면의 70% 이상을 차지하고 있는 바다는 모래, 자갈 등 골재로부터 석유와 천연가스, 깊은 해저 속의 희토류(稀土類), 희금속(稀金屬), 미래 에너지원인 가스하이드레이트 등 각종 광물자원이 매장된 보물창고로서 미래 산업성장 동력의 원천이다. 우라늄도 해수 속에 포함되어 있다. 1㎥의 해수에는 평균 2㎎ 정도의 우라늄이 녹아 있는데, 양적으로는 제28위의 원소다. 아직 상업적으로 채산성이 맞을 정도의 채취는 할 수 없지만, 이것이 가능하게 된다면 우라늄을 무한으로 얻을 수 있게 된다.

지금까지 불가능한 것으로 보였던 심해와 지하 심부에 있는 석유와 천연가스도 시추 플랜트 기술 발전에 따라 개발할 수 있게 되었다. 바다는 생물자원뿐 아니라 광물자원, 그리고 에너지 자원, 수자원 심지어 공간 자원 등 귀중하고 다양한 자원을 가진 노다지 광산인 셈이다. 세상에 이렇게 풍요로운 곳간이 따로 없다. 어류 등 바다생물 자원은 관리만 잘하면 절로 채워지기 때문에 줄어들지 않는 곳간인 셈이다.

해양에는 석유 부존량이 1조 6,000억 배럴, 불타는 얼음으로 불리는 메탄하이드레이트가 10조 톤가량 매장돼 있는 것으로 알려져 있다. 선진국들이 해양 영토를 놓고 다투고 경제적으로 해양과학기술 발전에 힘쓰고 있는 이유를 깨달아야 한다. 일본은 중국의 희토류(稀土類) 수출금지 조치에 대응하기 위해 일본 본토에서 무려 1,800km 떨어진 태평양의 미나미토리시마 인근 해역에서 망간단괴 개발 사업에 착수하였다. 미국도 '우즈홀 해양연구소'와 '스크립스 해양연구소' 등 세계 최고 수준의 연구소를 운영하면서 해양 개발에 매진하고 있다.

일본은 수심 최대 6,500m까지 잠수할 수 있는 심해(深海) 유인잠수정 '신카이 6500' 등을 활용해 연구 활동을 펼치고 있다. 중국 역시 7,000m 급 심해 유인잠수정 자오룽 개발에 박차를 가하는 등 해양대국 반열에 오르기 위한 움직임이 분주하다.

우리나라는 한국해양연구원을 필두로 해양 에너지와 해저 자원 개발에 힘쓰고 있다. 그 결과 2008년 3월 남서태평양 통가왕국의 배타적경제수역 내에 약 24,000㎢ 면적의 해저열수광상 독점탐사 광구를 확보했으며, 지난해 11월에는 피지공화국에서 여의도 면적의 350배에 이르는 독점 탐사 광구를 획득했다. 이곳의 열수광상(熱水鑛床) 개발을 통해 우리는 금, 은, 구리, 아연 등 전략금속 자원을 얻고 있다.

우리나라는 2002년 국제해저기구(ISA)로부터 동북태평양 공해상 '클라리온-클리퍼턴 해역'(Clarion-clipperton, 일명 C-C 해역)

에 남한 면적의 75%의 이르는 75,000㎢의 심해저 망간단괴 독점 개발 광구도 확보했다. 검은 노다지로 불리는 망간 단괴는 망간뿐만 아니라 구리, 니켈, 코발트 등의 금속 광물을 다량 함유하고 있는 광물 덩어리다. 우리가 보유하고 있는 심해저광구에는 약 5억 1,000만 톤의 망간 단괴가 매장돼 있다. 이는 연간 300만 톤씩 100년 간 생산할 수 있는 양이다. 금액으로는 1,500억 달러 이상의 가치가 있는 것으로 추정된다.

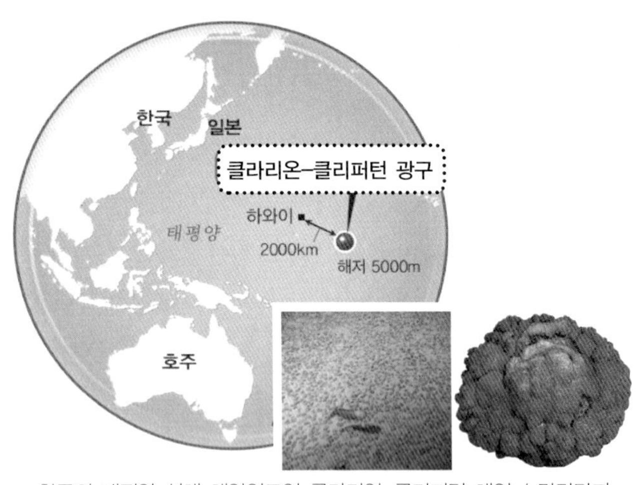

한국의 태평양 심해 해양영토인 클라리언-클리퍼턴 해역 / 망간단괴

앞으로 주목되는 자원으로서 300미터 이상 깊은 해저에 분포하고 있는 메탄 하이드레이트(탄화수소 가스)도 있다. 그리고 심도 800미터부터 2,400미터의 비교적 얕은 해저 사면부에 있는 코발트, 리치, 크러스트(철, 망간, 코발트 등을 포함한 덩어리)와, 심도(深度)

수백 미터부터 3,000미터 이상에 걸쳐 귀금속을 포함한 광물 자원으로서 주목받고 있는 것이 이른바 해저 열수광상이다. 열수광상은 홍해에서 니상(泥狀) 중금속의 발견이 계기가 되어 조사가 진행되었으며, 이미 오키나와 근해와 이즈오가사와라 해역에서도 발견되고 있다. 여기에는 아연, 은, 동 등도 다량으로 포함하고 있다. 보다 깊은 해저 자원으로서는 망간 단괴(Manganese nodule)가 가장 중요하다.

(2) 해저광물 탐사기술 경쟁

세계 곳곳 공해의 심해저(深海底)에는 망간단괴가 매장되어 있다. 현재의 국제협약은 어자원(물고기) 이외의 해중, 해저 자원에 대해서는 특별이 규제하지 않고 있다. 우리나라는 남극 세종기지와 북극 다산기지, 그리고 열대 지역의 태평양 미크로네시아공화국에도 해양연구센터를 운영하는 등 전 세계로 해중, 해저 자원개발에 대한 연구 영역을 넓혀가고 있다.

하지만 아직도 갈 길은 멀다. 2020년 세계 5대 해양강국이라는 목표에 도달하기 위해서는 국제적 수준의 해양연구 수행 능력 배양, 장기적인 해양과학기술 발전 계획 수립, 그리고 우수한 해양 전문가 양성 등 선결해야 할 문제가 많다. 21세기 진정한 해양강국으로의 발전을 위해 바다자원의 새로운 가능성에 주목해 보자. 좁은 국토를 넓힐 수 있는 유일한 방법은 해양 과학기술 발전으로 해양경제 영토를 넓히는 일이다.

세계의 깊은 바닷속은 지금도 선진 각국의 로봇과 탐사 장비 등으로 붐비고 있다. 과거처럼 침몰한 보물선을 찾으려는 게 아니라 금, 은, 구리, 코발트, 납, 아연 등 광물을 탐색하려는 것이다. 로봇과 센서 등의 해저 탐사기술 발전으로 인해 심해 바닥에 묻혀 있는 수백 종의 광물을 발견할 수 있게 되자 각국 정부와 민간 기업들이 해저 광물 개발에 잇따라 나서고 있다.

심해 자원 개발은 크게 공해상의 개발과 200해리 국가 해양영토 자원 개발로 나뉘는데, 공해상의 개발은 ISA에 신청해 허가를 받아야 하고, 다른 국가의 해양에서 탐사 및 개발을 하려면 해당 국가와 계약을 체결해야 한다. 미국과 캐나다는 국가가 주도하는 공해 개발보다는 글로벌 탐사기업 등 민간이 해당 국가와 계약을 체결하는 방식을 선호한다. 타이타닉호 발굴에 결정적 기여를 한 미국 해저 탐사회사인 '오디세이 마린 익스플로레이션'은 최근 솔로몬제도 등 카리브 해안 국가들과 잇달아 해저 탐사 계약을 맺었다. 2,000제곱 마일의 파푸아뉴기니 심해를 20년간 임차하는 계약을 맺고 내년부터 본격적인 발굴에 들어간 캐나다 '노틸러스 미네랄' 회사에 따르면 이곳의 추정 매장량만 금 10톤과 구리 12,500톤에 이른다.

환경단체는 심해 개발이 환경에 부정적인 영향을 미친다고 경고하고 있지만 대세를 거스르기엔 역부족이다. 각국이 해저 광물 자원 개발에 나설 수 있는 것은 해저탐사 기술과 해양지리학이 급속한 발전을 했기 때문이다. 0.5%의 순도를 갖고 있는 육지의 광물과 달리 해저 광물은 10%의 높은 순도를 갖고 있어 발굴만 하면 수익성이 훨씬 높다.

육상 광물자원이 점차 고갈되어 가는 것도 각국이 눈을 바다로 돌리는 이유다. 뉴욕타임스는 심해 광물자원 경쟁을 19세기 미국에서 금광이 발견된 지역으로 사람들이 몰려든 골드러시에 비유했다. 한국, 중국, 일본 등도 대서양·인도양·태평양에서 심해 광물자원 개발 경쟁을 하고 있다. 금과 구리 등 산업용 금속의 세계 최대 수요국인 중국은 심해 광물 개발에 더 적극적이다. 중국은 지난해에 심해 해저를 관리하는 국제해저기구(ISA)로부터 인도양 공해 해저의 1만㎢에 대한 광물 탐사 독점권을 얻는 등 공해(公海)의 심해광물 개발에 열을 올리고 있다. 심해 7천m 잠수에 성공한 유인 잠수정인 자오룽호 등 심해의 광물지역에 접근할 수 있는 심해 잠수정도 개발하였다.

한국 정부는 지난해 피지의 배타적경제수역(EEZ) 내 약 3천 ㎢ 규모의 독점 탐사 광구를 따내는 등 태평양, 피지, 통가, 인도양 등의 해양 자원 개발에 애를 쓰고 마침내 성공했다. 일본도 남태평양 지역의 소규모 국가에 재정 지원을 하는 등의 방법으로 심해 자원 개발에 나서고 있으며 러시아와 프랑스도 공해 해저의 광물 개발에 뛰어들었다. 민간기업들도 피지, 통가, 바누아투, 뉴질랜드, 솔로몬제도, 파푸아뉴기니 등 남태평양의 섬나라 인근 심해에서 광물이 묻혀 있는 해저를 탐색하고 있다.

(3) 심해광물 채굴경쟁

오늘날 세계 각국은 석유 천연가스 보다 우라늄, 붕소, 중수소, 리튬, 몰리브덴, 망간 등 해저 광물자원 개발에 더 열을 올리고 있다. 지구 면적의 절반을 차지하는 공해상에서 펼치고 있는 금과 구리 등 심해 광물자원 개발이 새로운 국면에 접어들고 있는 것이다. 국제광물협회의 체카쇼프 박사는 공해의 해저는 "먼저 들어가는 사람이 먼저 차지하는 시장이다. 마지막 남아 있는 지구의 영토"라는 말을 했다.

최근 특히 한국과 일본 사이에 벌어지고 있는 대륙붕 경계를 두고 한국과 중국의 이어도 분쟁, 중국이 필리핀 베트남 등 남중국 해 6개국과 벌이고 있는 해양 분쟁의 근저에는 모두 '미래의 노다지'로 불리는 해양 광물자원의 확보라는 이유가 깔려 있다. 21세기에 들어서면서 각국 간에 지상 영토 분쟁보다 해양영토 분쟁은 부쩍 더 잦아졌다. 세계 각국은 21세기 해양 골드러시에서 패하지 않으려고 정면 승부에 들어가 있는 것이다.

ISA가 발표한 자료에 따르면 공해상의 심해자원 개발 신청을 한 국가는 한국, 중국, 프랑스, 러시아, 벨기에 등 17개국에 이른다. 중국은 2010년 5월 ISA가 공해상의 심해 광물자원 개발 기준을 발표한 첫날 신청서를 제출했다. 2년 뒤인 지난달 27일 중국은 자국 전설 속에 나오는 용인 '자오룽(蛟龍)'의 이름을 붙인 유인 잠수정을 타고 수면 7,062m 아래 심해로 내려갔다. 심해자원 개발에 박차를 가하기 위해 미국, 프랑스, 러시아, 일본이 세운 잠수정 심해 강하(深海降下) 기록을 깬 것이다. 중국은 이미 국토면적

9,100㎢의 남미 푸에르토리코 크기에 맞먹는 아프리카 남동부와 인도 사이의 '남서 인도양 리지'의 심해자원 탐사를 위해 3명의 승무원이 탄 자우룽(蛟龍)호를 암흑 같은 바다 밑으로 내려 보냈다.

러시아, 프랑스, 중국이 남태평양 하와이섬 남부의 해양 개발에 본격적으로 나선 가운데 한국도 지난 4월에 피지와 심해 광물자원 개발 계약을 맺고 해양 영토 경쟁에 합류했다. 심해저의 망간단괴에 함유된 희토류는 육상의 광산에 비하면 품위는 낮지만 광체(鑛體, ore body)가 3억 6천만 톤에 이를 정도로 많아 경제성은 충분할 것으로 기대된다. 또한 망간 단괴는 백금 등 다양한 자원들도 함유하고 있어 단일 광체로부터 얻어낼 수 있는 금속 자원의 종류가 많다.

희토류란 란탄, 세륨, 티스프로슘 등의 원소를 일컫는 말로 희귀 광물의 한 종류다. IT혁명을 겪으면서 사용이 점점 늘어난 희토류 금속들을 신소재를 개발하거나 기존 재료를 개선하는 데 널리 쓰인다. IT를 비롯한 정밀산업에서는 특히 그 중요성이 커지고 있다. 희토류는 화학적으로 안정되면서도 열을 잘 전달하는 성질이 있어 삼파장 전구, LCD 연마 광택제, 가전제품 모터자석, 광학렌즈, 전기차 배터리 합금 등의 제품을 생산할 때 쓰인다.

3. 해양에너지 개발

(1) 조력발전

조력발전은 조수 간만의 수위차로부터 위치에너지를 운동에너지로 바꾸어 전기에너지로 전환하는 발전으로서 조석발전이라고도 한다. 천체운동에 기인한 조석(潮汐)운동으로 일어나는 해수면 상승과 하강의 수위차(水位差)를 이용하는 방식이기 때문이다. 소위 조석 간만의 차이가 발생하는 하구나 만(灣)을 방조제로 막아 해수를 가두고 수차(水差)발전기를 설치하여 썰물 때 저수지와 해수면의 수위차를 이용하여 발전함으로써 전기에너지를 생산하는 방식이다.

조력발전의 장점은 지구, 달 태양이 존재하는 한 영원히 전기 생산이 가능하고 기후의 영향을 받지 않아 발전시간 및 발전량 예측이 가능해 전력 계통에 대한 기여도가 높다는 점이 있다. 우리나라는 남한 면적의 4.5배에 달하는 443,000㎢의 해양과 3,200여 개의 섬, 32,682km의 해안선과 대륙붕을 지니고 있어서 특히 조력에 의한 신해양 발전의 보고라 할 수 있는 지역이다.

조력발전은 썰물 발전과 밀물 발전으로 이루어진다. 프랑스의 랑스강 하구에 있는 조력발전소의 경우, 수문을 닫아 밀물 때 들어왔던 물을 내만(內灣)에 가득 채워 썰물 때에 낮아진 해면으로 가둔 물을 떨어뜨려 24개의 터빈 발전기를 돌려 전기에너지로 전환한다. 또한 밀물 때에도 발전기를 돌려 효율을 높일 수 있는데, 밀물 때에는 수차가 썰물 때보다 적으므로 썰물 발전보다 발전 효율이 낮다. 조력발전은 해양에너지를 응용한 발전 방식 중 가장 먼저 개발되었다. 중세 때는 조류로 수차를 가동시켜 발생하는 동력으로 제분소를 운영하여 옥수수나 밀을 빻기도 하였다.

현재 조력발전소가 가동 중인 나라는 프랑스의 랑스(1967년 완공, 용량 240,000kW), 러시아의 키슬라아(1968년 완공, 용량 800kW), 캐나다의 아나폴리스(1986년 완공, 용량 20,000kW), 중국의 지앙시아(1980년 완공, 용량 3,000kW) 등이 있으며, 우리나라에 건설 중인 시화호 조력발전소도 2011년 8월부터 일부 발전기에서 전력 생산이 이루어지고 있다. 프랑스의 브르따뉴 지구의 랑스강 하구에는 조석(朝夕) 간만의 차이가 13.5m 조석 시 조류용량(潮流用量)의 차이가 5,000㎥이나 된다. 1966년 이곳에 조력발전소가 세워졌으며, 발전량은 하루에 24만KW나 된다. 랑스강 하구에 세워진 조력발전소의 저수지 합수량은 18,400만㎥인데 효율이 큰 조력발전소를 만들기 위해서 조석 간만의 큰 차이와 함께 저수 용량이 큰 저수지를 만들었다.

이런 이유로 조력발전 개발이 가능한 국가는 사실상 영불(英彿) 해협, 남북 아메리카, 중국, 러시아, 한국 서해안 등으로 한정된다. 우리나라는 조수간만의 차가 큰 서해의 인천만(8.1m), 아산만(6m), 가로림만(4.7m), 천수만(4.5m) 등이 조력 발전에 적합한 지역으로 꼽히고 있다. 1970년대에 한국해양연구소에서 가로림만과 천수만을 대상으로 조력 발전 예비 타당성 조사가 실행되었고, 1981년 최적 후보지로 가로림만이 선정되어 프랑스와 공동으로 조력 발전 정밀 타당성 조사와 기본설계가 실시된바 있다.

1986년 영국기술진과 함께 이전에 조사된 것을 재검토한 결과, 최적 시설용량 40만kW, 연간 발전량 836GWh로 평가되었다. 현재 국내에서는 한국수자원공사가 시화호 방조제에 국내 최초이자 세계 최대 규모인 시화호 조력발전소를 건설하고 있으며, 가로림만 조력발전소도 착공할 예정이다.

세계 최대 규모인 시화호 조력발전소

산업혁명 이후 인류의 에너지 소비량은 급격히 증가되어 왔고, 전 세계의 대부분의 국가들은 공급을 위해 무차별적인 석유연료의 개발과 대용량의 원자력 발전소 건설에 박차를 가해왔다. 그 결과 자연 환경의 심각한 파괴와 석유 고갈 예상은 미래의 불안 요소로 이어지고 있다. 체르노빌 원전 사고를 예로 들지 않더라도 극심한 대기 오염 상태 등은 인류 삶의 터전인 지구 환경의 보존과 계획 및 실천이 얼마나 중요하고 필요한 것인가를 증명한다.

대체에너지로서의 그린에너지의 개발은 절실히 필요하다. 조력발전(조류발전과 파력발전 포함)은 건설비용이 크다는 점과 특별히 설계된 발전장치 체계가 아니면 하루 종일 발전할 수 없다는 문제를 가지고 있지만, 유지비가 비교적 싼 것이 장점이다. 우리나라 남서해안에서 조석 간만의 차이가 크다는 점은 이제는 시련이 아니며 해택이다. 시화호 조력발전소 및 추진 중인 강화, 인천만, 아산만, 가로림만 조력 발전은 엄청난 해양 에너지를 공급해줄 해역이다.

(2) 풍력발전

풍력발전은 바람의 에너지를 전기 에너지로 바꿔주면서 발생하는데 풍력 발전기의 날개를 회전시켰을 때 그 회전력이 발전의 동력이 된다. 풍력 발전기는 풍속이 세고, 풍차(風車)가 클수록 더 많은 풍력 에너지를 생산할 수 있기 때문에 풍력 발전기의 발전량은 바람의 세기와 풍차의 크기에 따라 좌우된다. 또한 높은 위치일수록 바람이 세게 불기 때문에 높은 곳의 발전기가 낮은 곳의 발전기보다 크고 발전량도 많다.

풍력으로 발전하려면 평균 초속 4m/s 이상의 바람이 필요하다. 여기서 말하는 바람의 속도는 우리가 서 있는 땅위가 아니라 풍력 발전기의 날개가 있는 높이에서의 속도를 말한다. 전기 에너지를 얻기 위해 많은 국가에서 풍력을 이용하고 있는데 일본은 2000년 7만 킬로와트에서 매년 증가시키고 있다.

해안은 육지와 바다의 온도차로 인해 항상 육풍과 해풍이 번갈아 불고 있기 때문에 풍력발전에 좋은 입지가 되어준다. 해안에서의 풍력 발전에 가장 적극적인 덴마크는 총 발전 능력의 약 20%가 풍력 발전으로 2030년에는 50%까지 목표로 하고 있다. 풍력발전 총량은 독일이 세계 1위이다. 2005년의 설비용량은 약 17,000 메가와트이며, 2010년까지 이것을 2만 메가와트 정도로 증가시킬 계획이다.

풍력발전기는 소음 때문에 사람이 거주하는 곳에 설치하는 것은 문제가 된다. 그런 점에서 바람이 강한 해안가에 많이 설치되며, 긴 해안선을 가진 국가가 유리하다. 네덜란드의 경우는 풍력발전을 위해 아예 해상기지 건설을 계획하고 있다.

우리나라 해상 풍력발전기는 2006년 제주 구좌읍 월정 해역에서 해상 풍력발전단지를 개발과 더불어 본격화되었다. 발전용량은 2MW 규모로, 연간 700 가구 정도가 사용할 수 있다. 제주 구좌읍 해상 풍력발전기 가동 성공으로 기상탑, 최적 해저전력선 접속설치, 운영 등에 이르기까기 해상 풍력발전단지 조성에 필요한 전 과정의 기술을 확보하게 되었다. 해상 풍력발전은 육상 풍력발전에 비해 소음이 거의 없고, 부지 확보가 비교적 쉬워 초대형 발전단지의 경우 전력 생산단가가 200원/kWh 정도까지 가능하다. 시공비용은 육상 풍력 단지보다 1.5~2.5배 비싸지만 앞으로 시공기술력이 좋아지고 단지가 대형화되면 전력 생산단가를 육상 수준(100원/kWh)으로 낮출 수 있을 것으로 전문가들은 보고 있다.

해상 풍력을 활용해 국내에 1000만kW 용량의 해상풍력발전단지를 조성한다면 국내 총 전력 수요의 5% 이상을 감당할 수 있다는 전망이다. 풍력발전은 적정 속도의 품질 좋은 바람이 지속적으로 불어야 효율이 좋으므로 이러한 특성을 고려하면 해상 풍력 단지의 입지는 섬이나 주변 간섭이 없는 해상이 최적이다. 국내의 바람 품질은 계절적 요인에 따라서 차이가 있으나 제주도 해안과 서해안은 해풍이 대규모 해상풍력 발전에 적합한 것으로 확인되었다.

제주의 풍력발전소

중국의 경우에는 최근 폭발적인 전력수요 증가를 해상풍력 발전으로 해결하겠다는 전략으로 상해(上海) 남쪽 해안을 따라서 풍력발전기 설치를 시작하였으며 곧 대규모 해상 풍력 시장이 형성될 것으로 예상된다. 해상풍력 발전의 경우, 북유럽에서는 이미 수십 년의 경험을 가지고 최근 5MW 급 풍력발전기를 수입, 20m

이상의 해상에 설치하여 가동 중에 있으며 부유식 해상풍력발전기도 개발되어 여러 가지 실증 시험을 진행 중에 있다.

해상 풍력 산업은 기술개발 등 국산화를 통하여 세계적으로 시장을 확장할 수 있으며, 제2의 조선산업(해상풍력 발전기 설치선)의 호황이 예상되기도 한다. 전세계적인 해상풍력 시장은 엄청난 잠재력을 갖고 있으며 지속적인 유가 인상과 환경에 대한 규제 강화는 해상 풍력 발전기 설치선 시장의 확장을 가속화 시킬 것이다. 전세계에 설치된 해상 풍력 발전기의 발전 용량은 현재 3.5GW 수준에서 2030년에는 약 70배인 239GW로 급증할 것이 예상된다.

4. 해양 플랜트 산업

(1) 고도의 해양 산업 플랜트

해양 플랜트는 드넓은 해양에서 자원을 생산하거나 이용하기 위한 일체의 설비를 말하지만, 일반적으로 해양에서 석유나 가스를 시추, 생산, 저장 및 처리를 하는 설비를 일컫는다. 전 세계 원유 매장량 대부분은 수심 500m 이상의 해저에 묻혀 있다. 2000년도까지만 해도 해저에서 채굴한 원유는 전체 생산량의 2%에 불과했지만 이후 증가일로에 있으며 2020년에는 13%를 넘고 있다.

이러한 심해저(深海底)의 검은 진주인 원유를 탐사 채굴하기 위해 사용되는 설비가 바로 해양 플랜트이다. 해양 플랜트 산업은 탐사–설계–건조–운송–설치–운영 및 유지보수, 부대사업–해체로 구분된다. 일반적으로 건조까지는 제조업, 건조 이후는 서비스업으로 구분한다. 선박에 비유하면 각각 조선산업과 해양산업에 해당된다.

해양 플랜트 제조는 주로 육상에서 이루어지고 서비스는 주로 해양에서 이루어진다. 원유 탐사, 채굴, 수거, 보관, 수송 그리고 정제까지 복합적인 과정을 통합하는 산업이 곧 플랜트산업인데 규모나 비용측면에서 육상의 산업과는 차원이 다르다. 우선 거친 바다 한가운데서 심해의 석유를 뽑아 올리는 것이 결코 쉬운 일이 아니기 때문이다. 그래서 플랜트 산업을 신수종(新樹種) 해양산업이라고 한다. 또 고도의 인력이 요구된다. 그렇기에 해양 플랜트는 블루오션 산업이다.

우리의 플랜트 기자재 업계의 국산화 비율은 20% 미만에 머물고 있고 이 때문에 기자재 업체들이 이의 극복을 위해 해양 플랜트로 사업 다각화에 나서야 한다는 목소리가 커지고 있다. 업계에서는 설계, 디자인 능력을 강화하기로 하고 있지만 정부나 지방자치단체가 해양 플랜트 기자재 성능평가용 수조 구축사업, 글로벌 그린선박 기자재사업 인증센터 구축사업을 신속히 추진하는 한편 인력 양성도 적극 지원해야 할 실정이다. 정책당국은 해양 플랜트 기자재 R&D센터 조기 안착을 위해 노력하기로 했으며, 지역 기업 지원을 위한 해양 플랜트 기업지원단 발족을 조속이 추진키로 해 이의 추진이 기대된다.

오늘날 세계적 불황과 공급 과잉으로 인해 선가(船價)가 지속적으로 하락하고 있고 조선산업 시장은 중국의 추격에 따라 위기감이 고조되고 있다. 이에 따라 새로운 플랜트 전략을 통한 경쟁구도 구축이 필요한 실정이다. 실제 조선업계는 지금 상선(商船) 건조보다 해양 플랜트 쪽에 공을 더 들이고 있다.

고유가의 여파로 심해에서 원유나 가스 등을 탐지, 시추하는 해양 플랜트 시장은 2010년 1,400억 달러에서 2020년 3,200억 달러 규모로 급성장할 것이 예상된다. 예시하면 현대중공업은 동남아시아 석유회사로부터 4억 2,000만 달러 규모의 가스가압 플랫폼 발주통보서(LOA)를 받았다고 밝히기도 했다. 가스가압 플랫폼은 해저가스전 시추 때 공기로 압력을 넣어 추출하는 설비다. 말레이시아 코타바루 북동쪽 해상에 설치되어 하루에 100만㎥를 추출하는 가스가압 플랫폼은 삼성이 수주했다.

중동의 사우디는 세계 최대 석유 부존국가이자 생산국가이지만 석유가 영원하지 않을 것이라는 것을 알고 있다. 일부에서는 향후 80년 이내에 고갈될 것이라는 예측도 하고 있다. 이에 따라 사우디는 이미 발전소 건설 산업이나 자동차 부품 제조 등에 필요한 에너지를 직접 정유하는 석유화학산업 플랜트를 요구한다. 중동경제전문지 『미드』(MEED)에 따르면 현재 진행 중이거나 계획 중인 사우디 내 플랜트 프로젝트 규모는 8,100억 달러로 중동지역 전체 2조 5,000억 달러의 32%나 된다. 사우디는 가히 세계 플랜트 산업의 허브라고 할 수 있다. 지난해 사우디에서 따낸 우리 기업들의 프로젝트 수주 규모도 166억 달러나 된다. 우리나라 해외 전체 수주액 591억 달러의 3분의 1이나 되는 규모다.

(2) 플랜트 구조의 범위

플랜트 구조는 넓게는 해양(때로는 셰일가스용의 시추플랜트 포함) 이외의 지하자원을 생산하거나 이용하기 위한 일체의 설비까지 포함한다. 탐사, 시추, 이용, 개발, 생산, 저장 및 처리를 위해 사용되는 일체의 구조물(Offshore Plant)이라 할 수 있다. 여기에서 해양자원은 석유, 가스, 해양생물, 해양에너지, 심해저광물, 해수, 해수용존광물, 해양공간 등으로 구분(해양수산발전기본법 제3조 제2호에 따른 자원)되고, 이를 개발하기 위한 해양 플랜트는 설비뿐만 아니라 해양 공간 자체를 활용하기 위한 인공섬, 해상 거주공간, 해양 레저시설 등도 포함하는 개념이다.

즉 해양 플랜트는 해양자원을 개발하기 위해 해양에 설치된 설비이다. 그러나 좁은 의미의 해양 플랜트는 해양자원 중 석유, 가스를 개발하기 위한 산업설비로서 이는 해양에너지 자원개발에 목적을 두고 석유나 가스를 탐사하고, 굴착 및 생산하는 시설이다. 기능에 따른 구성부분은 Drilling, Production, Storage, Loading (FPSO)으로 분류되고 용도에 따라서는 고정식(Jack Up), 반잠수식(Semi-Submersible), 시추선(Drillship) 등으로 분류할 수 있다.

해양 플랜트를 설치하여 생산을 하기 위해서는 탐사 및 경제성 평가 등 해양개발을 위한 선공정(先工程)이 필요하다. 지질학적인 특성 검토 및 면밀한 사전 분석을 통해 자원의 매장 가능성이 높은 위치를 선정하고 상세한 조사를 하게 된다. 조사 방법은 크게 전자 장비를 이용한 탐사와 실제 시추를 통한 확인 등이 있다. 탐사장비는 해저 수km까지 도달해야 하기 때문에 강력한 에너지의 음파를 이용하며 광역탐사(廣域探査)가 이루어진다. 전자탐사 결과는 분석되어 매장량 및 유전의 깊이가 평가되어 실제 시추를 통한 물리적인 확인을 하게 된다.

시추작업은 얕은 수심의 경우 잭업(Jack-up) 또는 작업선을 계류하여 이루어지지만 심해의 경우에는 허용범위 내에서 항상 주어진 위치를 유지하는 DP(Dynamic Positioning) 작업선으로 수행한다. 시추 경비가 고가이므로 탐사 결과를 과학적으로 분석 이용하여 시추공의 숫자를 최소화 한다. 석유 가스 산업은 탐사→생산

→운송→하역→경제→소비로 이루어진다. 탐사와 생산단계에서 해양 플랜트가 투입되며, 운송은 유조선과 같은 선박이나 파이프라인이 쓰인다.

동해가스전 해상플랜트

우리나라에도 동해가스전 및 이어도 과학기지 2개의 해양 플랜트가 가동 중이다. 둘 다 고정식 플랫폼이며 동해가스전 플랜트는 150m 수심에 세워진 인공 플랫폼에서 천연가스를 뽑아내며 해저 배관을 통하여 울산으로 보내고 있다. 해저에 설치된 3개의 유정 구조물이 가스전과 연결되어 있으며 유연관으로 플랫폼에 가스를 공급한다. 유정(油井)의 흐름은 플랫폼에서 원격으로 자동 제어되며 온도 · 압력 감지 및 신호전달 용 광케이블과 밸브 작동을 위한 유압 호스가 별도로 해저에 부설되어 있다.

동해 플랫폼에서 정제된 가스는 육상 플랜트로 이송되고 콘덴세이터로 분리 후 주로 울산화력의 발전용 연료로 공급되고 있으며 20년 이상 사용 가능하다. 심층수(深層水) 채취를 위한 해저배관을 설치하여 동해의 심층수를 활용한 제품들이 시판되고 있는 상황에서 관련 공장들이 육상에서 해상 플랜트로 이동할 가능성도 있을 것이다.

해양의 석유자원 개발이 본격적으로 진행되면서 경제성 있는 대륙붕의 자원마저 거의 고갈상태에 있다. 그래서 플랜트 시추 기술의 개발은 더욱 고도화되면서 심해저 유전으로 점점 확대되고 있다. 육상으로부터 1,000km 이상 떨어져 있고 수심이 해저2,000m 이상 되는 유전이 개발되고 있다. 대부분의 심해유전은 여러 개의 해저유정(海底油井)을 유연관 또는 강관으로 연결하여 근처에 계류된 FPSO로 보내고 이곳에서 정제한 후 보관하고 충분한 양이 되면 탱커선에 선적하여 운송된다.

멕시코만의 경우에도 심해유전 개발이 활발하며 2002년 700 m 수심을 시작으로 현재 1,500m를 넘어서 2,000m 수심까지 유전이 개발 채굴되고 있다. 현재 북미를 중심으로 한 셰일가스의 대규모 발견과 자원화는 신재생 에너지의 경제성과 전통 에너지의 환경 문제를 동시에 해결할 수 있는 일석이조의 선택이 될 수 있다.

셰일가스는 석유나 석탄에 비해 탄소 배출량이 각각 30%, 50% 정도 적은 비교적 청정한 에너지이다. 또 석탄과 · 석유 등은 발전 효율을 극대화하는 중앙집중식 체제인 반면, 천연가스는 사용의 유연성과 수송의 효율성이 높은 분산 그리드형 에너지원이다. 셰일가스 혁명이 전 세계적으로 파급되는 이 시점에 한국은 가스발전의 핵심 부품인 가스 터빈 설계 · 제작과 같은 관련 핵심기술의 국산화를 조속히 달성하고, 신규 에너지 시장을 선점할 수 있는 기술 경쟁력을 확보해야 한다. 또 확대된 가스 시장의 수송 능력을 담당할 LNG선 건조와 같은 조선산업, 배관에 필요한 철강재산업, 특히 LNG기지 플랜트산업, 천연가스를 원료로 한 초정밀 화학산업, 새로운 형태의 자동차 산업 등이 제2의 전성기를 맞이할 수 있을 것이다.

(3) 해양 플랜트 기술개발

해양 플랜트는 열악한 해상에서 동적(動的)인 선박을 이용하여 설치하여야 하므로 설치 횟수를 최소화하고 단시간에 작업을 끝내야 하는 고도의 설비작업이다. 이 해상작업은 자재 및 인력의 보급이 쉽지 않고 해상 날씨에 따라서 대기하거나 접근이 제한되는 특수한 작업 여건이기 때문에 현장 작업을 최소화하기 위하여 육상의 제작특구에서 일체를 조립하고 시운전을 거친 다음 운송하여 설치 해상으로 운송하게 된다. 이 때문에 설치 방법에 맞추어 선적하고 운송하는 기술도 사실 해양 플랜트 기술이 된다.

그래서 해양제작 특구는 해양 플랜트 첨단기술 엔지니어링 및 서비스, 기자재, 그린 해양기계 개발 업무를 주도하는 기술개발 메카가 된다. 조선산업과 달리 제품이 표준화되어 있지 않으며 환경, 안전 등에 대한 요구수준이 높고, 자원 개발 사업과 연계되어 수행되는데 용도에 따라 시추용(예: Drillship)과 생산용(예: FPSO), 형태에 따라 고정식(예: Jack-up)과 부유식(예: Semi-submersible)으로 구분된다.

한국의 해양 플랜트 산업업계는 드릴쉽, FPSO(부유식 원유생산 기지선박, 저장, 하역설비) 등 대형 해상플랫폼 분야에서 세계 발주량의 70% 이상을 수주하고 있지만 기본설계에 활용할 엔지니어링은 외부에 의존하고 있는 실정이다. 특히 기술적인 플랜트 기자재 국산화율 역시 20% 수준에 불과하다.

미래 해양 플랜트 산업을 움직이게 하는 큰 흐름은 IT융합과 신소재 개발기술이다. IT융합의 물결은 이미 자동차, 의료 등의 활용되고 있지만 내비게이션, 사고 방지를 위한 압력 감지센서 등 해양 플랜트에도 융합화 추세다. 특히 안전과 효과적인 운전에 도움을 주고 있어 더욱 확대되고 있다. 이미 선박의 항해장치 상태를 통합관리하는 'SAN'(Ship Area Network) 기반 원격 선박장치 유지보수 시스템이 선박에 장착되었다.

IT융합 추세와 더불어 중요성이 더욱 높아가는 것이 바로 소재(素材)이다. 최근 자원개발이 심해저로 이동하면서 소재의 중요성이 더욱 강조되고 있다. 수심 2천m 이하에서 그리고 해저 1천m를 더 깊이 들어가서도 견딜 수 있는 소재 기술이 필요하다. 이 때문에 정부는 IT융합과 신소재 분야의 기술개발을 종합적이고 체계적으로 추진할 수 있도록 '해양 플랜트 기자재 R&D 기술개발 전략'을 펴고 있다. 그러나 당해 기업이 해양 플랜트 산업에서 경쟁력 우위를 갖기 위해서는 먼저 혁신을 통한 패러다임의 변화가 요구된다.

엄청난 규모의 플랜트 프로젝트에는 수많은 기자재가 필요하다. 석유화학 플랜트에서는 열교환기, 가열난방기, 공기조절기, 밸브, 스팀 보일러, 펌프, 파이프, 피팅류 등이 복합된다. 발전 플랜트에서는 터빈, 보일러, 발전기, 변압기, 배전제어기, 차단기, 전력케이블, 발전기 부품, 계측기, 센서 등이 복합된다. 그런데 대다수 기자재 생산 중소(中小) 플랜트 기업은 생산과정에서 발생하는 비용을 공정단계에 맞추어 회수하지 못하여 차입금 등으로 우선 부담하는 실정이고, 또 생산제품이 트렌드 변화에 신속하게 대응하지 못하는 문제점도 안고 있다. 이러한 산적된 문제들로 인해 지역 플랜트 기자재 산업이 경쟁에 큰 어려움이 있다.

세계 플랜트시장 상황은 지원 금융기관의 전략적 대응이 절대로 요구된다. 현재 세계 플랜트 시장 규모는 약 1조 6천 억 달러에 달하고 있으며 국제 입찰이 가능한 공개시장만도 7~8천억 달러에 달하는 것으로 추정되고 있다. 그렇다면 플랜트 기자재 산업이 국내의 어려움을 극복하고 세계시장에서 계속 도약하려면 어떻게 해야 할 것인가? 이를 위해서 정부가 관계법을 다시 마련하여 지원하고 기자재 업계를 지원하고 지자체, 대기업 및 정부 유관 연구기관들의 협력할 수 있는 사회적 시스템을 마련해 주어야 한다. 또한 해양인제 육성계획, 해양과학기술개발계획을 통하여 장기적으로 해양 플랜트 산업혁신 발전전략(2011~2020)을 세워야 한다.

(4) 해양 플랜트 산업의 전망

한국이 해양 플랜트 산업 선진국이 되기 위해서는 건조 제작에서 서비스 부문으로 영역을 확대해야 한다. 해양 플랜트 서비스 산업은 보다 고부가가치, 고성장 산업이기 때문이다. 실제로 모나코의 SBM, 노르웨이 Prosafe 등의 FPSO(부유식 원유생산 저장시설) 임대 산업의 경우 시중은행 이자율보다 높은 13~40%의 수익률을 올리고 있다. 해양 플랜트 서비스 부문 육성 없이 건조부문 육성, 특히 기자재 국산화는 현실적으로 실현 가능성이 없다. 해양 플랜트 기자재 국산화율을 높이기 위해서는 실적 확보가 필수 조건이며, 이를 위해서는 서비스 산업으로 진출해야 가능하다.

해양 플랜트 산업은 대규모 조선(造船) 건조 위주인데 비해, 서비스 산업은 기자재 제조, 중소기업, 해운선사, 자원개발 업체 등의 동반성장 산업이다. 이 때문에 중국은 '해양 플랜트 산업 혁신 발전전략(2011~2020)'을 마련하였고, 2012년 3월에는 '해양 플랜트 산업중장기 발전계획'까지 수립했다. 2020년까지 연간 매출액을 4,000억 위안(약 7조 2천억 원)으로 확대하고 세계시장 점유율을 35%로 높일 것을 목표로 하고 있다.

현재 한국의 해양 플랜트 산업은 기형적인 구조로 보이고 있다. 해양 플랜트 건조 부분은 타의 추종을 불허하는 세계 최고 수준이다. 우리나라의 소위 빅4 조선회사는 2010년에 140억 달러를 수주해 해양 플랜트 신조(新造) 국제공모 프로젝트의 58.6%를 차지했고, 2011년에는 257억 달러를 수주해 상선 부문 수주액인 249억 달러를 넘어섰다. 그런데 실제로 기술력이 좋은 중소기업은 직접 참여하기보다 오직 이들 대기업과 협력업체 수준에 머물고 있다. 여전히 대기업 위주의 해양 플랜트 건조산업은 기자재 부문 진출에도 초점을 두고는 있으나, 이제는 기술력 있는 중소기업이 이 부문에 직접 진출할 수 있도록 지원을 해야 한다.

에너지 선진국은 대기업과 중소기업이 상호 다른 역할을 하면서 해양 플랜트 산업에 진출하고 있다. 영국이 휴스턴 지역에 300여 개, 독일과 프랑스가 각각 200여 개, 노르웨이가 150여 개 기업이 진출하고 있는데, 이들 대부분은 기술력 있는 중소기업이다. 이들 중소기업은 자국 기업에만 납품하는 것이 아니라, 모든 국제 석유기업과 국영기업을 대상으로 수출도 하고 있다. 이를 위해 중소기업은 OTC 등 해양 플랜트 박람회에 적극 참여하여 자신의 제품을 소개하고 있다.

우리 정부는 제121차 비상경제대책회의에서 해양 플랜트 산업을 제2의 조선산업으로 육성하겠다는 청사진을 발표했다. 이 전략에 서비스부문(중소기업의 활약 범위)에 대한 규정을 보완해야 한다. 해양 플랜트 산업의 건조·제조 부문과 서비스 부문이 각각 시장 규모의 절반 씩 차지하는 것으로 추정된다.

해외 에너지 컨설팅 회사의 분석에 따르면 2010년 해저 석유·가스 시추 및 생산 지출 규모가 약 3,400억 달러에 달했는데, 제조 부문과 서비스 부문의 시장규모가 각각 약 1,500억 달러일 것으로 추정되었다. 향후 해상 풍력발전, 조력 발전, 심해 해저광물자원 채굴 등 해양자원 개발이 붐을 이룰 것을 예상하면 그 규모는 더욱 확대될 전망이다.

해양 플랜트 산업 육성을 위해서는 국가 차원의 마스터플랜이 수립되어야 한다. 해양 플랜트 서비스 산업은 여타 중소기업과 달리 해양을 통한 국부창출의 원천적 기업임을 자각해야 한다. 범정부 차원의 협력과 업계의 적극적인 참여가 절실하다. 특히 해양 플랜트에 의한 석유 시추, 해양 개발 등 고부가가치 산업의 육성을 위해서 해양 관련 인력의 확충이 절실하다. 지금 이 분야에는 고임금의 유럽인이 거의 포진하고 있다. 이러한 데에는 그만한 이

해상플랜트 운반 장면

유가 있다. 한때 전 세계 상선대(商船隊)를 지배한 우리 선원들이 이제는 마땅히 이 같은 분야에서도 진출해야 할 블루오션임을 시사한다.

21세기에는 신해양 무한 경쟁시대다. 세계의 정치, 경제, 문화, 안보의 무대는 해양이 되었다. 지금까지 축적된 선진국들의 거대 과학기술의 힘이 바다로 집중되고 있다. 지금 동북아지역은 해양 영토전쟁이 치열하다. 지금 중국은 해양산업의 범위를 확대하고, 해양주권을 강화하기 위해 지난 2008년 '국가 해양산업 발전요강'을 수렵하여 해양 발전 정책을 가속화하고 있다. 이는 중국이 해양산업을 국가경제의 새로운 성장원으로 인식했다는 점에서 주목된다. 일본 역시 이미 2002년 '21세기 일본 해양정책'이라는 마스터플랜을 수립했다. 지금 한국정부는 어떤 해양정책을 추진하고 있는가? 우리 민족의 미래는 바다에 있다. 우리는 지금까지 나라가 삼면이 바다로 둘러싸인 나라라고 오해하며 살아왔다. 이제 이런 무지(無知)에서 깨어나 '삼면이 바다로 열린 천혜의 반도국가'임을 깨닫고 바다를 개척하고 또 우리바다를 방어할 때 우리민족은 발전하고 영원히 번영할 것임을 거듭 인식해야 되겠다.

제6장

미래는 항만·해변·섬 활용시대

제6장 미래는 항만 · 해변 · 섬 활용시대

1. U자형 한반도해안 활용

8세기 말 이전까지 이루어졌던 실크로드(Silk road) 운송에서 낙타 한 마리가 실을 수 있는 짐(화물)은 270킬로그램 정도였다. 당연히 물류비용이 비쌌고 수송 상품의 양과 종류도 제한적일 수밖에 없었다. 이후 8세기 후반부터 항해술의 발달로 바닷길이 열리면서 운송혁명이 일어났다. 먼저 페르시아 만의 시라프(Siraf) · 바스라(al-Basrah)와 중국 남부의 광주(廣州)를 연결하는 약 9,600킬로미터의 바닷길이 항로화되면서 서아시아와 중국이 직접 연결되었다. 소량의 실크로드 시대에서 대량의 해상교역망 시대로 전환이 시작된 것이다.

한국의 경제발전은 천혜의 U자형 삼면으로 이루어진 바다에서 항만을 십분 활용하면서 비약했다. 1960년대부터의 과감한 선복(船腹) 확충 정책에 힘입어 수출입 화물 98%를 운송하는 한국의 해운산업은 DWT(dead weight tonnage, 적재가능 총중량) 기준으로 지금 세계 5위다. 전통적인 해양강국 미국, 영국과 노르웨이 모두 한국보다 못하다. 2008년 해운으로 획득한 외화는 수출 품목 중에서 1위를 차지했다. 470억 달러로 조선(431억 달러), 석유제품(376억 달러), 자동차(350억 달러), 반도체(328억 달러)보다 많았다. 제조업이 아니라 서비스업이 수출 1위를 기록한 것은 처음이다. 많은 국민은 자동차나 TV · 반도체 · 휴대전화만 기억하지 해운업이 이처럼 막강한 지는 잘 모르고 있다.

한국의 U자형 해안지역과 항만에 포진하고 있는 해양산업은 어마어마한 외형을 갖추고 있으며 앞으로 무궁무진하게 확장될 수 있는 잠재력을 지니고 있다. 한국 해양산업의 외형은 오는 2020년이면 연간 13조 달러 규모로 급격하게 팽창된다는 전망이다. 해양 플랜트와 해양에너지, 해양자원 등의 미개척 분야에서 폭발적인 성장이 예고되어 있는 것이다. 기존의 해운 · 물류산업도 거침없이 확장될 것으로 보인다.

이제까지 내륙에 집중하고 있는 관심을 바다로 확장해야 한다. 그 제안의 핵심이 바로 '해양경제벨트' 구축이다. 가능성이 무궁무진하게 열린 바다와 그 연관 산업에서 주도권을 잡기 위해서는 권역별로 바다 산업과 바다 자원에 관심을 쏟아야 한다. 경남권역은 주요 해안도시를 해양레저, 해양관광, 수산식품 등의 기능으로 특화 발전시키고, 경북은 해양 바이오산업 육성 기본계획과 동해안 해양개발 기본계획, 해양심층수 개발 기본계획으로 해양 자원산업의 차세대 성장 동력화를 꾀하고, 전북권역은 새만금 종합개발계획을 통해 항만을 결합한 대규모 물류산업 복합단지 조성을 추진하고, 경기권역은 화성시와 시화지구 등의 간척지에 해양산업

기능을 부가하고, 인천권역은 항만 재개발, 해양 관광 활성화, 수산업 신성장 동력화 등의 계획을 마련하고, 강원도권역은 북극해 항로시대에 대비하여 동해항, 묵호항과 속초항, 호산항 등이 기점 역할을 꾀하도록 해야 한다.

특히 동북아시아 허브항과 물류거점을 꿈꾸는 부산권역은 최첨단 기능의 신항 지역과 도심과 근접한 북항 지역 등에 복합 해양산업 기능을 부가시킨다. 북한 저해안의 평안, 황해권역과 동해안의 함경권의 개발도 통일을 대비하여 구상해 두어야 한다.

한국의 해안권역별(海岸圈域別) 개발은 지금까지 수도권에 집중된 쏠림과 과밀 현상을 해소할 수 있는 대안적 경제벨트 구상이기도 하다. 국내 주요 해양도시를 비롯한 해안권역이 모두 수도권에서 떨어진 지역에 흩어져 있기 때문이다. 지역균형 발전 차원에서도 해양 경제벨트 구상은 긍정적인 요소를 모두 갖추고 있다. 이제 국가 신성장 동력 역할을 할 수 있는 새로운 해양산업에 주목하고 해안권역 별로 해양산업을 발전시켜 나간다면 국가 경쟁력이 더욱 강화될 수 있다. 해양은 바로 '미래 엔진'이다.

2. 한국의 (도시)항만

8·15 해방을 계기로 우리 민족의 역사적인 해양기질(海洋氣質)은 오랜 동면에서 깨어나 폭발적인 에너지를 발산하였다. 해방 후 한국은 부산, 인천, 광양 등 항만을 크게 확충 건설하였다. 항구의 발달은 산업구조에 많은 영향을 미쳤다. 주요 산업시설이 항구를 중심으로 해안을 따라 배치됐고, 산업시설과 내륙을 잇는 도로, 철도망이 항구를 중심으로 거미줄같이 구축됐다. 조선산업과 임해공단 등 (친)해양적 산업이 발달했다. 국민의 생존 및 경제성장을 뒷받침하는 석유, 천연가스 등의 에너지 자원이 전적으로 해상수송에 의존했기 때문이다. 한국은 태생적으로 원유, 철광석, 연료탄 같은 대량의 원자재를 항만을 통해서 수입할 수밖에 없다. 그리고 항만을 통한 수출에 국가의 명운을 걸어야 한다. 항만을 통해 원자재를 들여오고 또 항만을 통해 완제품을 해외로 실어 보내야 한다. 이 중차대한 일을 항만과 해운산업이 품고 감당하고 있는 것이다.

연안해운도 국내 물류비 기준으로 국내 전체 물동량의 20%를 수송하면서 국가산업 발전을 이끌었다. 470여 개 섬 지역에 생필품과 농수산물을 실어 나르는 유일한 교통수단으로서, 그리고 섬 주민과 여행객을 편안하게 모시는 행복의 바닷길 인도자이기도 하다. 지난 50년 동안 선박 척수는 17배(230척→3,950척), 연안여객 수송은 5배(300만 명→1,400만 명), 연안화물 수송은 4배(300만 톤→1억 2,400만 톤)로 각각 신장했다.

한국은 3면이 바다로 둘러싸여 있고 세계 3대 무역항로의 중심에 위치하고 있다. 또 1990년대 비약적인 경제성장의 영향으로 항구도시가 발달했다. 2008년 현재 수출입 항만(구)은 30개 이상이며 연간 1,000만 톤 이상의 물동량을 처리하는 항구가 9개에 이른다.

항만산업은 항만과 관련된 경제활동을 행하는 산업으로 정의될 수 있다. 즉, 경제활동의 특성이 항만과 관련되거나 공간적으로 항만구역 내 또는 항만과 인접한 지역에서 이루어지는 산업을 넓은 의미에서 항만산업(港灣産業)이라 한다. 항만산업의 범위는 항만하역업, 검수업, 감정업 등 항만운송사업과 해상보험, 해운중개, 선급, (선박)금융, 통관 그리고 항만용역업(통선, 경비 · 줄잡이, 선박청소, 선박급수), 물품공급업, 선박급유업, 컨테이너 수리업 등 항만운송 관련 사업과 보관 및 창고, 화물포장, 검수 및 검량, 예선과 도선사업 등이 있다. 한편 해운, 항만 등 해양산업이 발전하기 위해서는 IT융합으로 정보를 공유하고 관계 업종들의 클러스터화가 요구된다.

인구 400여만 명의 도시국가인 싱가포르는 부산항의 2배 이상의 컨테이너 화물을 처리하는 세계 1위 IT융합 항만이다. 유통화물의 85%는 주변 국가들의 수출입 화물로서 명실상부한 물류허브 항만이다. 특히 유류거래(油類去來)는 금융, 비즈니스, 컨벤션 등을 이끌면서 아시아 거점 오일-허브로서 군림하고 있다.

로테르담은 '마스강'을 따라 40km 구간에 조성된 항만물류단지, 임항산업단지가 어우러진 명실상부한 종합 물류허브이다. 유럽 지역 컨테이너화물 및 철광석, 석탄 등 벌크화물 처리 1위 항만이자 유류화물 처리 세계 1위의 항만이다. 또한, 유럽에 진출한 미국 기업의 60% 이상이 로테르담을 중심으로 물류기지를 운영하고 있다. 이들 지역들은 20~21세기를 경과하면서 중세의 부유한 항만도시국가 베네치아를 이어받고 있다.

'해가 지지 않는 나라'를 만들었던 영국의 상선대 규모는 전 세계 상선대의 3% 수준에 불과하지만 런던은 '선주책임 상호보험조합'(P&I) 및 해상보험, 해운중개, 선급, 선박금융 등 해운 관련 서비스업 분야에서 여전히 세계 항만에서 맹주의 위상을 유지하고 있다. 항만산업뿐만 아니라 국제기구, 협회, 단체 등 세계 해양시장에 영향을 미치는 국제해양기구(거버넌스)도 즐비하다. 영국은 국력이 쇠퇴한 후에도 항만개발과 해운정책만은 최선을 다하였고, 그 결과 여전히 탄탄한 해운거래, 선박금융 및 보험 등 알짜배기 도시형 항만서비스산업에서 오늘도 영국 국부(國富)의 근원이 되고 있다.

현재 우리나라 항만산업은 예를 들면 '톤세제도'(Tonnage tax, 噸稅制度), 외항선사 '선원임금 채권보장기금', 용대선(傭貸船)제도, 구조조정기금이 투입된 선박펀드 운영, 위법한 해운동맹의 폐쇄적 운영 등의 현안에 대해 정부가 무의지(無意志) 무투자(無投資) 상태라는 지적들이 많다. 부산과 인천, 광양, 울산, 평택, 마산, 포항 등의 항만 도시의 각 특성에 맞는 해운 항만산업 정책을 펼 것을 기대한다.

3. 국내 항만산업 도시(예)

(1) 해운 · 관광 도시 부산항

부산은 해양에 관한 핵심 개념이 결집된 해양 경제벨트 허브 역할을 맡을 수 있는 항만이다. 즉 항만 · 물류와 조선 및 기자재, 해양에너지, 수산 등 바다를 터전으로 하는 산업이 번성한 지역으로서 한반도 전 해안권을 아우르는 해양 경제벨트의 핵심권역이다.

부산이 해양 물류 거점으로 최근 다시 부각되는 예를 하나 들어보자. 부산신항 터미널에는 근래 8,600TEU급 컨테이너선(뉴욕호)이 입항하고 있다. 중국 상하이에서 출항한 이 배는 부산항에서 컨테이너(수출품)를 선적한 후 다음 날 새벽에 미국으로 출항한다. 선박의 접안과 동시에 터미널의 자동 선적시스템이 굉음과 함께 바쁘게 돌아가기 시작한다. 셔틀 트랙터가 야적장에 놓인 컨테이너를 실어 선박 앞에 내려놓고, 아파트 28층 높이(83m)의 크레인이 이를 집어 올려 선적한다.

부산항에서 선적하는 컨테이너 1,950개 중 한국의 순수 수출 물량은 700개이고 나머지 1,250개는 중국 · 동남아시아 등 다른 나라에서 온 이른바 환적(換積) 컨테이너 화물이다. 이 화물은 중국 · 일본 · 동남아시아에서 작은 배에 실려 하루 이틀 전 부산항에 도착해 미국으로 향하는 뉴욕호를 기다렸다가 선적되는 것이다.

2011년 10월 기준, 부산항의 월간 컨테이너 물동량은 약 188만

1,000TEU에 달했다. 부산항은 2012년 상하이·싱가포르·홍콩·선전 등 세계 5대 항만 중 성장률이 가장 높다. 일등공신은 중국·일본 등지에서 온 환적 화물이다.

환적항으로 부각되고 있는 부산항

부산항이 항세(港勢)뿐만 아니라 환적항(換積港)으로서 동북아에서는 제일 좋은 위치에 있기 때문이다. 부산항 환적 물량이 증가하는 이유 중 하나는 북중국 항만이 짙은 안개와 파도 때문에 자주 폐쇄되기 때문이다.

2012년 들어 8월까지 상하이항은 안개 등의 기상 악화로 거의 1개월 동안 포트 클로징(항만폐쇄, port closing)을 단행했다. 닝보(寧波)항은 25일, 칭다오(靑島)항은 35일 동안 폐쇄됐다. 이 기간 동안 부산항은 한 번도 문을 닫은 적이 없다. 항만이 폐쇄되면 해운사들은 항구 주변에 대기해야 하며 그 기간만큼 수백만 달러의 손해를 보게 된다.

이런 상황에서 한국의 글로벌 대형 해운선사들은 소형 컨테이너선으로 눈을 돌려, 중국 등의 화물을 부산항으로 가져오는 '피더선'(feeder container ship) 운행 서비스 경쟁에 나섰다. 피더선은 중국의 칭다오항, 다롄항 등과 부산항을 정기적으로 오가며 환적 화물을 실어 나르는 소규모 운송 서비스를 한다. 예컨대 5,000TEU급 이하 선박이 중국 항구에서 석유화학제품을 컨테이너에 싣고 부산항에 내려놓으면, 미국과 부산을 오가는 대형 컨테이너선이 이를 싣고 미국의 롱비치 등지로 떠나는 것이다.

최근 지구온난화가 가속화되어 북극항로(北極航路)시대가 다가오면서 부산항의 미래 중요성은 더욱 커지고 있다. 이 항로를 이용하면 아시아와 유럽 간 거리는 40%, 비용은 25%나 절감될 것으로 추산된다. 이제 한반도는 거점 항구들을 보유한 세계 물류 중심으로 더욱 부상하는 시대를 맞게 될 전망이고, 부산, 광양, 울산 등 주요 컨테이너 항구는 더욱 바빠질 것이다.

부산에 새로운 기회를 주고 있는 또 하나의 성장 분야가 크루즈 산업이다. 2012년 7월, 부산국제크루즈터미널에 세계적 여객선 '로얄 캐러비언 보이저호'(14만 7,000톤 급)가 승객 3,400여 명을 태우고 입항하였다. 보이저호는 아시아에서 가장 큰 호화 크루즈이자 부산항에 들어온 크루즈 중 가장 큰 유람선이다. 같은 날 7만톤 급의 '레전드호'도 승객 2,500여 명과 함께 입항했다. 두 유람선은 중국을 출발해 일본을 거쳐 부산항에 하루 기항한 뒤 20일 다시 중국으로 돌아가는 한 · 중 · 일 크루즈다. 이날 중국인 관광객 5,500여 명은 배에서 내려 하루 동안 부산지역 관광을 한다. 코스는 경주~용두산 공원~자갈치 시장, 해동 용궁사~AFEC 누리마루 하우스~롯데면세점~자갈치 · 국제시장, 용두산공원~자갈치시장~범어사 등으로 나뉜다.

1인당 하루 지출액을 15만~20만 원으로 잡으면 최대 11억 원이다. 선박의 입 · 출항료와 부두 접안료 2,100만 원을 더하면 단 하루에 11억 2,100만 원의 경제 효과가 기대된다. 부산시에 따르면

부산 국제크루즈터미널에 입항하는 초대형 크루즈선

2012년 상반기에만 크루즈선박 46척이 관광객 40,600여 명을 싣고 부산항에 입항했다. 2011년 상반기에는 크루즈 12척에 관광객 16,500여 명이었다. 선박은 4배, 관광객 수는 2.5배쯤 늘어났다. 2012년 연말까지는 총 130척의 크루즈 선박이 입항할 예정이다. 2012년 전체 크루즈 관광객은 17만여 명으로 추산된다.

한편 부산의 새로운 명물이 될 부산항 국제여객터미널이 기공식을 갖고 본격 공사에 들어갔다. 북항 3~4부두 사이에 들어설 새 터미널은 2천363억 원을 투입, 10만 톤급 크루즈 1선석, 2만 톤급 카페리 5선석 등 14개 선석과 건물 5개 동 등이 들어선다. 현 터미널은 1978년 30만 명 기준으로 건립됐지만 새 터미널은 280만 명 수용 규모로 지어진다.

최근 중국의 급성장으로 2015년 185만 명으로 예상되는 아시아 크루즈시장을 장악하고, 특히 연간 220만 명에 달하는 한국행 중국 관광객을 국내에서 머물면서 소비하도록 유도하기 위해서 크루즈산업 육성론(育成論)은 당연하다. 날로 늘어나는 해외관광객을 가진 중국과 일본의 중간에 위치한 부산항은 크루즈산업을 꽃피울 수 있는 가장 좋은 입지 여건을 가진 항만이다.

(2) 동북아 '오일-허브' 울산항

세계 3대 오일허브는 미국 걸프연안 지역, 유럽 ARA(안트베르펜, 로테르담, 암스테르담,)지역, 그리고 싱가포르다. 지리적 여건에 따라 독자적으로 발달해온 이들 오일허브(Oil hub)는 많은 원유정제 능력을 보유하고 있어 석유제품의 수출입과 유통의 중심지 역할을 하고 있다.

미국 휴스톤을 중심으로 형성된 걸프지역 허브는 걸프 앞바다에서 생산하는 'WTI유'(서부 텍사스유)를 자국 내에서 정제하고 자국 내에서 유통하는 역할을 한다. 즉, 미국의 오일허브는 거의 내수용 허브라고 할 수 있다. 휴스톤은 세계 최대의 정유 공업지대 중 하나로 석유와 가스 관련 에너지 기업만 약 5,000개가 운영되고 있고 30%가 넘는 인구가 관련 산업에 종사하고 있다.

네덜란드와 벨기에에 걸쳐 형성된 유럽 ARA지역은 북해에서 생산되는 브렌트유와 중동의 두바이유를 같이 다룬다. 이 지역은 유럽산업의 중심지인 독일, 프랑스 등에 석유제품을 공급하는 배후지역 수출형 오일허브다. 인접 배후지역에 산업단지가 형성돼 있는 지리적인 장점으로 ARA 지역은 성공적인 석유 물류의 허브가 될 수 있었다.

싱가포르는 내수 비중이 작고 수출 비중이 높은 중계수출(中繼輸出) 허브항만 역할을 하는 곳으로서, 예를 들면 두바이유를 수입해 가공한 다음 동아시아 지역으로 수출하고 있다. 싱가포르의 오일허브는 국가 전체의 산업에 영향을 주고 있으며, 특히 석유와 관련한 금융 산업이 발달해 있다.

최근 중국 경제의 급격한 성장으로 석유 소비의 중심이 구미에서 동북아로 이동하고 있다. 동북아 지역의 석유 소비량은 세계의 19%를 차지하고 있으며 매년 증가하고 있다. 특히 중국의 성장에 힘입어 동북아는 전 세계 핵심 석유물류 대상지로 부상할 전망이다. 2000년대 초반까지 싱가포르는 동북아를 포함한 아시아 전 지역을 포괄하는 오일허브로 역할을 수행해왔으나 최근 동북아 지역에 대한 싱가포르의 영향력은 감소하면서 한국항만(울산항)의 비중이 커지고 있다.

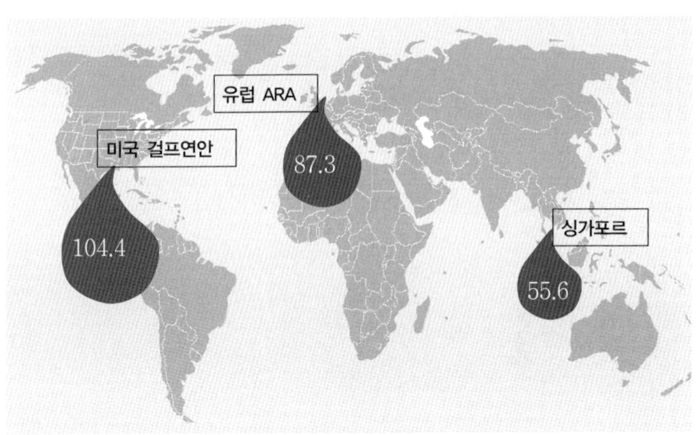

세계 3대 오일허브 및 석유 저장능력(2007기준, 단위 백만배럴)

오일허브는 곧 국제적인 석유거래 시장이다. 큰 시장에 가지 않으면 물건을 구하기 힘들고 구하더라도 비싸게 살 수밖에 없는 것처럼 오일의 경우도 같다. 현재 울산항은 세계가격을 주도할 만한 석유거래는 없지만 석유 저장시설에 의한 물류가 발달해 있어 오일허브 인프라가 구축되어 있고 정유 산업이 고도로 발달해 있으며, 대규모 저장시설과 정제시설이 갖추어져 있는 등 국제규모의 석유거래 오일 허브로서 조건을 모두 갖추고 있다.

울산에는 한국석유공사가 위치해 있다. 그러므로 국제석유거래소를 설치해 석유거래와 연계된 금융상품 개발 및 금융시스템이 구축되면 명실공히 국제적인 오일 허브 항만 역할을 할 수 있게 된다. 석유거래소는 오일허브의 핵심이며 석유거래소 없는 오일허브는 존재하기 어렵다. 세계적인 탱크터미널 업체, 트레이더 유치에 있어서도 거래소 존재 유무가 결정적이다. 우리나라는 중국(ZCE, DCE), 일본(TOCOM)과 경쟁하기 위해서 달러화 직접거래를 기반으로 하는 국제거래소 설립이 필요하다. 석유거래소 설립에 정부의 적극지원이 필요한 시점이다. 장기적인 관점에서 보면 중국 등 인근 국가의 석유수요가 갈수록 확대되고 있어 울산 오일

울산항의 원유저장 시설

허브 기능은 동북아 석유물류 기지로서의 그 역할은 필수적이다.

오일허브가 제대로 발전하기 위해서는 관세(關稅) 등 각종 세제 및 규제완화와 함께 글로벌 탱크터미널 운영사와 트레이더를 비롯한 석유물류 관련 기업을 위한 국제금융기관의 유치가 매우 중요하다.

울산항은 물동량 기준(2011년)으로 부산항, 광양항과 함께 국내 3대 항만이나 액체화물만 보면 울산항이 1위이다. 액체화물이란 원유 및 석유, 석유정제품, 석유가스 및 기타 가스, 화학공업 생산품 등을 말한다. 2011년 기준 전국 항만 액체화물 처리 실적을 비교해 보면 원유, 석유는 울산 7,600만 톤, 인천 340만 톤, 대산 2,100만 톤, 광양 3,700만 톤 등이다. 석유정제품도 울산 540만 톤, 인천 1,600만 톤, 대산 2,300만 톤, 광양 4,700만 톤 등이다. 그야말로 울산항은 국내 최고의 액체화물 특화 항만이다. 울산항의 액체화물 물동량은 집계가 시작된 2000년 1억 2,400여만 톤에서 지난해에는 1억 5,600여만 톤으로 증가하는 등 부두와 탱크시설의 확충과 함께 계속 증가했다.

2020년까지 1조 6,620억 원의 사업비가 투입되고 건설이 완료되면 울산항은 1만~30만 톤급 액체화물 선박이 접안할 수 있는 부두 7선석 등 항만시설과 2,840만 배럴의 석유저장시설(68기)을 갖춰 동북아 석유물류를 주도할 수 있게 된다.

그런데 중국은 한국의 오일허브에 있어서 중요한 수요처이자 기회를 제공하고는 있지만, 큰 위협적 요인이 되고 있다. 하지만 중국은 저장시설과 대형 유조선 접안 가능한 항만의 부족으로 지형상 오일허브로서 취약한 여건이고, 일본의 경우에는 석유 관련 산업이 발달해 있지만 지진 등의 위험요소를 안고 있어 사실상 석유 물류허브로서 기능을 수행할 여건이 부족하다. 이에 따라 3국 중간에 위치해 지리적 여건이 좋고 석유산업이 발달한 한국(울산항)이 동북아 오일허브의 최적지로 평가받고 있다.

그러나 오일허브가 제대로 발전하기 위해서는 관세 등 각종 규제완화는 물론 금융인프라가 구축돼야 한다. 오일허브 사업이 성공하기 위해서는 동북아 석유물류시장의 선점을 위한 항만인프라 확충과 글로벌 탱크터미널 운영사와 트레이더를 비롯한 석유물류관련 기업 특히 국제금융기관들의 유치가 매우 중요하다.

(3) 미래의 동북아 경제 중심 새만금 신항

새만금 신항(新港)은 전북 군산시 옥도면 신시도~비안도를 잇는 방조제 앞 바다에 국내 최초의 인공섬 형태로 만들어지고 있다. 국비와 민자 등 2조 5,500여억 원이 투입돼 부두 18선석과 방조제 3.5km, 항만부지 500여만㎡를 조성한다. 1단계로 2020년까지 4선석을 만들고 2030년까지 나머지 14선석을 완성하게 된다. 군산과 김제, 부안 앞바다에는 세계 최장인 33km의 방조제가 건설되어 610㎢ 규모의 간척지에 서울의 3분의 2넓이의 배후지역이 조성되었다. 1991년 공사를 시작해 2010년 방조제를 완성했다. 토지 중 70%는 산업용지로, 30%는 농지로 개발한다. 이것을 배후로 하여 건설되는 새만금 신항만은 항로수심(航路水深) 20~45m, 선박

정박지(碇泊地) 수심 17m로 계획 돼 있어 30만 톤급 초대형 선박이 드나들 수 있는 천혜의 요건을 갖췄고 광활한 배후 물류단지를 갖출 것으로 예상된다.

새만금 신항은 부산항이나 광양항에 비해 중국 동해안과 거리가 가까워 대중국 수출전진기지로 경쟁력을 갖추고 있다. 중국 횡단철도(TCR)의 출발지인 중국 렌윈강(連雲港)과도 580km 정도에 불과하여 국내 항구 중 가장 가까운 거리가 된다.

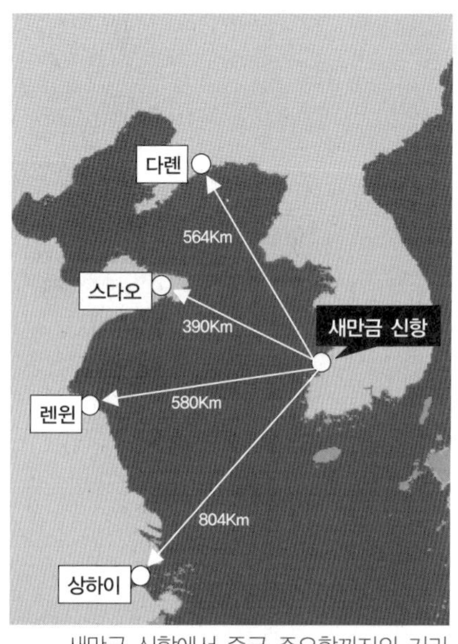

새만금 신항에서 중국 주요항까지의 거리

또한 새만금 신항은 국내 최초로 항만과 해상을 교량으로 연결하는 인공섬 형태로 건설되고 수로를 통해 해수 유통이 되도록 21세기형으로 건설된 항만이다. 새만금 신항만을 활성화하기 위해 항만 배후 인프라인 새만금–전주–포항 간 고속도로와 동서 횡단철도(새만금–전주–김천) 조기 착공도 계획되어 있다.

새만금 신항만은 2030년까지 2단계로 나뉘어 모두 2조 5,482억 원을 투입해 군산시 옥도면 신시도와 비안도 사이 2호방조제 앞쪽 해상에 인공섬 형태로 건설되며 방조제 안쪽에 계획된 명품 복합도시와 곧바로 연결된다. 8만 톤급 대형 유람선이 드나들 크루즈 전용 부두도 들어선다는 계획이다.

새만금 방조제 건설은 단군 이래 최대 토목공사였다. 총연장 33.9km로 지금까지 가장 긴 32.5km의 네덜란드 주다치 방조제보다 1.4km 더 길다. 이 가운데 군산시 비응도-내초도 구간(5.1km)은 군장(群長) 국가산업단지의 일부로 1970년대에 조성돼 있던 구간이다. 여기에 28.8km를 더 쌓으면서 세계에서 가장 긴 방조제가 됐다. 방조제의 평균 바닥 폭은 290m(최대 535m), 최대 높이는 36m다. 방조제를 건설하는 데 들어간 토석량은 1억 2,300만㎥로 경부고속도로(418㎞) 4차로를 13m 높이로 쌓을 수 있는 양이다.

완공시점인 2030년부터 연간 8,000만 톤의 물동량 처리 능력을 갖추게 될 새만금 신항 30선석의 처리물량은 연간 1억3000만 톤으로 3조764억 원의 부가가치 효과와 22,400여 명의 고용을 창출할 것으로 전망한다. 또한 지정학적으로 경쟁력을 갖췄다는 평가다. 무엇보다 중국과의 거리가 국내 어느 항보다 가깝기 때문에 중국 롄윈항(連雲港)과 새만금 신항 간의 항로를 이용하면 연간 168억 원 정도 절약된다.

새만금 신항만은 오는 2020년까지 20선석, 2030년까지 30선석으로 2단계로 나뉘어 2조 5482억 원을 투입해 내부 공정을 완공하면 항만부지 488만㎡에 방파제 3.5km, 총 18개 선석을 갖춘 국제항으로 거듭나게 된다. 또 새만금 산업단지 물류기능 지원, 국제 복합레저관광 거점항만으로 개발된다.

신항의 항로 수심은 20~45m, 선박 정박지 수심은 17m로 계획돼 인천항 15m, 부산항 16m, 광양항 10m, 목포항 12.5m 등에 비해 깊어 앞으로 물동량 확보 시 10만 톤급 대형 선박의 입출항이 가능한데서 그 경쟁력이 예상된다. 그런데 이 같은 새만금 내부 개발을 계획대로 마치려면 매년 예산 1조원이 필요한데, 그 소요 재정은 매년 절반만 배정되고 있는 실정이다. 새만금 내부는 2010년 방조제 33㎞ 준공 후 개발 면적(283㎢)의 65%인 183.7㎢가 물 위에 드러났다. 정부는 그해 초 이 노출 대지를 포함해 202.13㎢(71.4%)를 1단계로 2020년까지 개발한다고 발표했다. 그러나 그 후 3년이 지나도록 북부 산업단지 조성과 농업용지 개발을 빼놓고 나머지 새만금 프로젝트는 사실상 멈춰 서있다.

새만금 내부는 신재생에너지 용지, 명품 복합도시, 산업관광 용지, 과학연구 용지 등으로 나눠 정부 6개 부처와 전북도가 개발키로 하고 있다. 이렇게 사업주체가 중복되고 상충되면서 추진 동력을 잃었다는 지적이다. 이 사업은 2020년까지 11년 동안 약 11조원이 들어가야 하지만 지난 3년간 배정된 예산은 1조 2000여억원에 불과하다. 사업주체의 단일화와 정부의 과감한 투자가 절실한 대목이다.

4. 해양 주거시대

(1) 해양도시 추이

해양도시는 해양과 섬과 해변의 공간이용을 극대화하는 계획도시이다. 해양도시는 해안(Sea-front)과 바다 위 또는 바닷속에서도 인간이 생활할 수 있도록 주거 시설이나 공항·바다공원 등을 만들어 바다 공간을 육지처럼 활용하자는 데서 시작되었다. 육상 공간의 과밀화에 따라 도시 인구가 거주하고 활동할 수 있는 토지가 절대적으로 부족한 상황에서 해양도시를 건설하여 공간 수요를 충족시키기 위한 것이다.

주거 장소의 건설 위치에 따라 해상도시(海上都市), 해중도시(海中都市), 해저도시(海底都市) 그리고 해변도시(海邊都市)로 구분된다. 특히 육지와 맞붙은 해변(Water front) 이용은 해변은 곧 금변(金邊: Gold of Front)이라는 새로운 시각에서 건설되고 있다. 미국·일본·유럽 지역의 예술미가 돋보이는 해변의 독창적 건축물과 넘실거리는 바닷물과 조화를 이루는 해변 도시 경관이 얼마나 아름다운가! 조깅을 즐기거나 평화롭게 해변을 산책하는 시민들, 벤치에 앉아 바다를 바라보며 대화를 즐기는 사람들은 얼마나 평화로운가! 이런 곳에서는 당연히 해양 레저산업이 개발 발전되게 마련이다.

반면 우리나라의 경우, 수려한 해안선이 무분별하게 들어서는 고층 아파트 등에 의해 파괴되고 잠식되고 있다. 삐쭉 솟아올라 있는 사각 혹은 다각의 고층 건물들은 아름다운 해안선을 집어삼키는 괴물처럼 흉물스럽고 괴기스러운 것이 많다. 아름다운 해안선을 지켜야겠다는 시야를 갖추지 못하고 있는 것이다.

현대 도시에서 고층 건물은 꼭 필요한가? 이 질문은 우리 시대에 하나의 화두다. 라데팡스 지역을 제외하고는 노트르담 대성당보다 높은 건축물은 아예 짓지 못하는 파리처럼 옛 건축물이 있는 유럽의 고도는 건축물 높이를 제한했다. 고층건물 짓기에 혈안이 된 곳은 두바이 말레이시아 중국 한국 등 아시아와 중동 지역이다. 런던이 최근 침체된 경제를 극복하기 위해 이른바 '런던 계획'으로 고층 건물을 제한적으로 허용하고는 있지만 최고의 높이가 아니라 최고의 질을 추구하면서 도시와의 완벽한 조화, 공공 공간의 확보를 가장 중요하게 거론한다고 한다.

만약 해안가에 고층 건물을 꼭 지어야 한다면 이 원칙을 고수해야 할 것이다. 지금까지의 해양구조물 상의 건축물 건설은 일본 오사카의 간사이(關西)국제공항처럼 해변과 해안의 얕은 곳을 매립하거나 섬을 깎고 넓히는 매립 방식을 주로 사용하여 왔다. 그러나 이 방식은 수심 20m의 바다가 한계이고, 해양 생태계를 손상시키고 좋은 개펄을 사라지게 하는 문제점이 있다. 그리하여 최근 첨단 과학기술에 의하여 새로운 해양 공간 이용 기술이 등장하였다. 그 기술은 한 변의 길이가 수백 미터에서 수천 미터에 이르는 거대한 철강으로 만든 인공구조물을 바다 위에 배처럼 띄우는 부유식 시공기술로서 미국·일본 등 선진국에서 활발히 연구되고 있다.

해상 구조물은 높은 파도나 바람, 조류에도 안전하기 때문에 육지의 도시처럼 빌딩도 얼마든지 세울 수 있으며, 구조물 아래쪽으로는 바닷물이 손쉽게 순환하여 환경에 미치는 영향도 적다. 또한 깊은 바닷속에도 해상 구조물을 이용할 수 있으며 구조물을 여러 조각으로 분리하여 이동할 수도 있다. 1981년에 완공된 매립식 해양도시인 일본 고베항(神戸港)의 포트아일랜드(Port Island)는 총면적 583㏊이며, 착공에서 완공까지 16년이 걸렸다.

홍콩이 최근 몇 년 사이 그런 해변 도시 면모로 일신하고 있다. 지난 2000년부터 시작된 도시개조 및 확대 작업이 동시 다발적으로 진행되면서 누에가 껍질을 벗듯 도시 모습이 완전히 바뀌고 있다. 공사 현장은 도심과 비도심 구분 없이 도처에 널려 있다. 가장 두드러진 건설 현장은 바다를 메워 조성한 주룽(九龍)역 일대이다. 120만㎡의 거대한 대지에 조성되고 있는 것은 고급 주택단지와 상가이다. 이는 건너편 해안(Sea front)의 홍콩 IFC(국제금융센터) 건물과 함께 장관을 연출하면서 홍콩 내 최대 복합단지로 떠오르고 있다. 이 일대 대표적인 도시 건설 프로젝트는 1,000억 위안(약 18조 원)을 투입하는 백아담(白鵝潭) 상권 조성과 신세계 단지 조성계획이다.

경상남도 통영시 한산도에서 사천과 남해 등을 거쳐 전라남도 여수 및 일부 남서해안에 이르는 연안수로인 소위 한려수도(閑麗水道)는 신이 한국인에게 선물한 해안이라고 할 수 있다. 거울같이 잔잔한 물결, 곳곳에 떠 있는 섬들, 고요한 해안의 아름다움은 개발하기에 따라서는 온갖 해양 레저산업 등 지구상에서 가장 아름다운 해양주거지역, 해양 도시를 형성할 수 있을 것이다.

인천 영종도에는 골프장, 스포츠 파크 등 체육시설, 세계한상 비즈니스센터, 호텔 등 비즈니스 관광시설, 인천공항과 인천항만을 연계한 복합물류단지 및 해양생태 공원 등 공공시설을 설치하기 위한 계획이 진행되고 있다. 2016년까지 조사 · 설계 및 도로, 상하수도 등 기반시설 공사와 부지조성 공사를 하고 2018년까지 본격적으로 체육시설, 비즈니스 센터, 호텔 등 상부 시설을 조성할 예정이어서 한국에 해상 레저도시가 형성 될 전망이다.

(2) 신해양 도시(예, 부산)

부산시는 부산 발전 10개 과제 중 동북아 신해양 경제 허브 구축을 핵심 프로젝트로 포함시켰다. 이 프로젝트는 신항 중심의 물류허브, 북항 중심의 해양경제특별구역 지정, 남항 중심의 수산식품 산업클러스터 조성 등을 주요 내용으로 하고 있다. 개항 130여 년을 맞은 부산이 대변신을 하고 있는 것이다. 항만, 수산, 해수욕장 등 서로 떨어져 따로 놀던 각 분야들을 서로 융합하고 21세기에 맞게 재편, 바다를 중심으로 자리매김 하려는 프로젝트가 추진되는 것이다. 소위 동북아 신해양 경제허브 구축 프로젝트다.

첫째, '신항 중심 물류허브'는 부산 신항(新港)에 김해공항의 가덕도 이전, 배후 철도인 녹산역 일원에 66만여㎡ 규모의 한반도 종단철도 물류기지 20만 평 조성, 가덕도 인근 무인도에 친환경 LNG 선박연료 공급기지 건설, 가덕도 백옥포 지역 매립을 통한 조선 및 해양 플랜트 선박 수리기지 조성, 신항 유류 중계기지 인근의 한·일 해협권 원스톱 공동 물류기지 건립 등을 더해 동북아 지역 물류허브로서의 신항이라는 위상을 공고히 한다는 구상이다. 이 구상은 항만(신항) + 공항(김해공항 가덕도 이전) + 철도(한반도 종단철도 물류기지)를 합한 글로벌 물류 삼각편대 형성을 지향하고 있다. 육·해·공의 입체적 물류 시스템을 구축한다는 것이다.

'북항 중심 해양경제특별구역' 지정은 신선대부두, 감만부두, 자성대부두 등 북항지역을 세계적 자본·기업의 투자와 유치를 좀 더 자유롭게 할 수 있는 경제자유구역처럼 만들자는 것으로 이곳에 세계적 해양 플랜트 및 해운회사 등을 유치하고 북항 재개발과 연계한 글로벌 업무·상업 지역을 조성하겠다는 방안이다. 이를 위해 필요한 땅은 북항 재개발지에다 기존 물동량의 신항 이전으로 인해 공백이 되는 북항 부두들의 야적장과 안벽 등을 통해 조달한다는 전략이다.

'남항 중심 수산식품 산업클러스터' 조성은 2020년까지 중구 남포동 자갈치시장~서구 남부민동 부산 공동어시장에 이르는 남항 일대 206,000㎡를 세계인들이 즐길 수 있는 명품 수산시장으로 바꾸겠다는 것이다. 자갈치·건어물시장 일대엔 한국 수산물 먹거리 타운, 도심형 관광 위판장, 친수공간 등을 조성하고 부산공동어시장을 현대화해 일본 츠키지어시장처럼 세계적 명소로 만들겠다는 내용이다. 또 이 지역의 냉동창고와 시설물에 테마 별로 색을 입히고 경관 조명을 설치해 레이저 쇼를 펼치는 방안도 포함돼 있다. 이 프로젝트가 현실화되면 화물을 처리하는 항구에 머물던 부산항이 물류, 수산, 제조, 관광 등을 아우르는 해양경제의 중심축으로 거듭나게 될 것이다.

여기에 해양·수산 등의 R&D 기능이 대폭 강화되면서 부산의 바다 기능은 더욱 확실해진다. 먼저, 영도구의 한국해양대, 남구에 부경대, 기장군의 국립수산과학원을 해양수산 연구 및 교육 메카로 키워 부산을 특화시킨다. 또한 영도구 동삼동 혁신지구에는 한국해양연구원, 한국해양수산개발원, 국립해양조사원, 한국해양수산연구원 등이 이전한다. 또 최근 설립이 확정된 한국해양과학기술원도 부산에 세워진다.

주요 해양기관이 들어설 부산 동삼 혁신지구

이와 함께 부산시는 한국해양플랜트기술원, 한국해양생명산업연구소, 해양 R&D 실용화센터, 한국수산식품과학원 등의 설립을 추진한다는 구상이다. 차제에 정부가 조선해양플랜트 혁신 클러스터 구축을 위해 부산 강서구 일원 등 14.1㎢를 특구로 지정하는 것을 골자로 한 '부산연구개발특구 지정안'을 심의·의결해 고무적이다. 연구개발특구로 지정되면 매년 100억 원 수준의 국비가 특구 내 대학·연구소·기업에 대해 기술이전 및 기술사업화자금 등 명목으로 지원된다. 아울러 특구 내 연구소기업 및 첨단기술기업에게는 국세인 소득세와 법인세가 3년간 면제되고, 이후 2년간 50% 감면되며 취득세 및 등록세는 전액 면제, 재산세는 7년간 면제 등 다양한 세제 혜택이 주어진다.

여기에 글로벌 마리나 개발 · 운영사인 SUTL사(社)가 북항재개발지 안에 세계적 수준과 규모의 마리나 시설을 짓는 것을 비롯하여 수영만 매립지 안에 있는 올림픽 요트경기장의 현대화, 강서구 에코델타시티 안에 있는 마리나 시설, 해운대 및 백운포 등의 중소형 마리나 시설 등 크고 작은 시설들이 부산 바다에 속속 세울 계획이다. 요트나 윈드서핑 등 해양레저를 위한 마리나 시설이 들어선다면 부산 해양도시의 품격은 한 단계 더 높아질 것이다.

(3) 인공섬 도시(예, 인천)

우리나라는 지난 2000년부터 해양구조물 개발을 위해 연구에 착수하여 인공 해상구조물 인공섬을 건설하려고 구상 중이다. 정부는 2011년까지 서해안과 남해안의 한려청정 해양에 인공섬을 건설하여 21세기 해양시대를 상징하는 새로운 개념의 첨단 해양도시를 건설하고 인천 앞바다에는 '인공섬 해양 도시'를 건설하여 국제도시화 하려는 계획을 추진 중이다.

인천 송도 국제도시는 인천 남서해안(南西海岸) 앞바다를 매립해서 만든 인공섬 위에 들어서고 있다. 면적이 서울 여의도의 18배에 달하는 5,300만㎡에 이른다. 2020년 최종 완공을 목표로 공사가 진행 중이다. 이미 고층 아파트에는 사람들이 살고 있고 초

고층 빌딩도 속속 들어서고 있다. 도시 중심에는 대규모 공원도 문을 열었다. 고층 빌딩에 둘러싸인 센트럴공원은 맨해튼의 센트럴파크를 닮았다. 도시가 들어선 부지는 국내 최대의 인공섬이다. 현재 조성된 것만 길이 9km, 폭 4km에 달한다. 맨해튼이 길이 21km, 폭 3km 정도이니 절반 정도 크기다.

흔히 여의도를 한국의 맨해튼이라고 하지만 섬이 너무 작아서 송도 국제도시야말로 진정한 한국의 맨해튼으로 불릴 만하다. 2020년에는 인구 66만 명을 수용한다는 계획이다. 현재 국내 최고 빌딩도 여기에 들어선다. 건설 추진 중인 인천 타워는 151층 600m에 달한다. 국내 최장의 다리도 송도 국제도시로 이어진다. 인천국제공항과 송도 신도시를 잇는 인천대교는 총 연장이 21.38 km에 달한다. 실제 바다 위에 있는 교량 길이만 15km 정도나 되는 세계 5대 해상교량이다. 바다 위에 도열한 교각과 63빌딩과 맞먹는 주탑의 높이(238.5m)는 경탄을 자아내기에 충분하다.

해양도시 건설에는 해결되어야 기본적인 네 가지 조건이 있다. 첫째 도시로서의 기능을 발휘하기 위해서는 무엇보다 에너지 확보가 필요하다. 바다에서 에너지를 추출하여 이를 이용하는 형태가 가장 바람직한데, 조류나 온도차 발전, 간만의 차나 파도의 힘을 이용한 발전과 더불어 태양열이나 풍력 에너지와 같은 자연 에너지를 다양한 형태로 복합시켜 에너지원으로 이용할 수 있어야 한다.

두 번째는 용수(用水)문제다. 한국을 비롯한 동북아시아 지역에서는 연간 1,000~2,000㎜의 강우량이 있으므로 순환 시스템과 해수의 담수화 기술을 잘 활용하면 용수 문제가 경제적으로 해결된다.

세 번째는 육상과의 교통연결이다. 해저터널이나 연육교가 건설되고 최첨단 조선기술의 발달로 초고속 대형선박이 개발되어 날씨와 관계없이 전천후로 육상과 연결되어야 한다.

네 번째는 통신이다. 마이크로웨이브로 통신을 확보하는 방안과 함께 우주통신위성을 이용하여 육상의 도시 또는 세계 곳곳의 도시와 네트워크를 구축하고 또한 도시 내의 통신문제에 대해서는 광케이블을 이용하여 완전한 통신망을 구축해야 한다.

인간의 거주지를 해상에 건설하려는 해양도시의 구상과는 달리 인간은 지상에서 살고, 공장 발전소 정유소 등의 산업시설만 해상에 건설하려는 '해상 콤비나트형 공간'에 대한 구상도 진전되고 있다. 그러나 동북아 국제 허브로 육성하겠다던 인천 송도국제도시는 10년간 외국인 투자가 이뤄지지 않은 '무늬만 국제도시'로 머물러 있다. 그러다가 지방정부인 인천시와 중앙정부가 해변 도시의 가치개발이라는 시각을 갖고 국제도시를 재추진하면서 마침내 인천 송도는 녹색성장의 글로벌 허브로 떠올랐다.

2012년 10월, 개발도상국의 온실가스 감축과 기후변화 적응을 지원하는 국제금융기구인 '녹색기후기금'(GCF) 회의가 열린 2차 이사회에서 투표를 통해 사무국 위치 도시를 해변도시 인천 송도로 결정했다. 이제 인천 송도는 명실 공히 국제도시로서 부상할 터다. 우리나라는 녹색기후기금(GCF)을 유치함에 따라 단숨에 자본금 기준으로 세계 3대 국제금융기구 중 한 곳을 보유한 나라가 됐기 때문이다. 1,2위는 국제통화기금(IMF)과 세계은행(World Bank)인데, 이들의 자본금은 각각 3,700억 달러와 1,937억 달러다. 녹색기후지금은 자본금이 최소 1,000억 달러로 예상돼, 세계 3대 국제금융기구로 인정받고 있다.

GCF 유치로 전환점을 맞은 송도 국제도시

GCF는 신생 국제기구이지만 앞으로 기금 규모가 국제통화기금(IMF)에 견줄 정도로 확대될 전망이어서 경제적 실속이 적지 않을 것 같다. 한국개발연구원(KDI)은 GCF 사무국의 상주 직원 500~1,000명뿐만 아니라 수많은 국제회의가 벌어질 것을 감안할 때 직간접적인 경제효과가 연 3,800억 원을 웃돌 것으로 전망했다.

차제에 인천시가 영종지구의 용유도와 무의도를 라스베이거스나 마카오처럼 초대형 문화 · 관광 · 레저 등 해양 복합도시로 개발하는 계획을 세워 고무적이다. 마카오의 3배, 여의도의 28배에 달하는 80㎢(2,420만평) 부지를 개발하는 소위 '에잇시티'(8City) 플랜이다. 이는 특히 중국이 가깝고 인구 2,500만 명 규모인 배후의 서울과 수도권을 활용하여 그 장점을 활용하자는 해양도시 계획으로 육지와 섬과 해상 매립지를 포함해 총 14㎞ 길이의 8자 모양 건축물 '이너서클'을 만들고 주변에 돔 형태의 건축물 등 다양한 건물을 지을 계획이다. 3,000척의 요트를 정박할 수 있는 마리나 시설과 5만석 규모의 초대형 한류 공연장, F1 자동차경기장, 경마장, 골프장 등도 추진되는데 기대가 크다.

인천시는 '살아 있는 바다, 숨쉬는 연안'을 주제로 한 지난 여수 엑스포의 해양(海洋)과 연안(沿岸)과 섬(島)의 가치를 재조명하여 송도 국제해양도시를 개발함으로써 후손들에게 앞으로 해양도시를 향해 나아가는 것이 마땅함을 알게 하는 본보기를 보여주길 기대해 본다.

제7장

중국이 노리는 두만강 하류

제7장 중국이 노리는 두만강 하류

1. 중국의 창지투 계획

(1) 중국의 동해(東海) 출항욕

중국 북동부 랴오닝(遼寧), 지린(吉林), 헤이룽장(黑龍江) 지역은 일본이 만주(滿洲)라고 호칭했던 지역이다. 유엔은 지난 1991년 동북아시아 개발의 최우선 지역으로 북한과 두만강으로 접경된 지역 부분에 '두만강 지역 개발계획'(TEADP)을 발표한 바 있다. 또 이 지역은 최근 북한의 나진항, 선봉항 개발과 중국 연변 지역의 훈춘, 러시아 연해주의 포시에트를 잇는 두만강 하구 약 1천㎢ 지역에 국제 자유무역지대를 설립하려는 동북아 협력 프로젝트 지역으로 부상하고 있다. 게다가 지난 2009년 중국이 이 지역을 창지투(長吉圖) 계획 지역으로 발표하여 관심이 더욱 집중되고 있다.

그것은 투먼(연변의 圖們)에서부터 두만강 하구와 북한의 나진, 선봉, 청진 등의 항구와 연결되는 지역이 '중국의 동해 출구 전략 지역'으로 급부상하고 있다는 것을 말한다. 중국은 창춘(長春)과 옌지(延吉) 및 두만강 하구지역을 집중 개발해 중국 동북 지방 공업지대의 물류를 동해로 진출시키겠다는 전략이다. 지금 이미 고속철도가 건설 중에 있다. 지린(吉林)에서 시작해 룽탄(龍潭)~둔화(敦化)~안투(安圖)~옌지(延吉)~투먼(圖們)~훈춘(琿春)을 잇는 360㎞의 고속철도 공사는 내후년 완공 예정이다. 중국 한국 북한 러시아 몽고 등 동북아 각국은 이미 철도, 도로, 해운, 항공, 파이프라인과 물류센터 등 교통 · 물류 영역에서 적극적으로 양자 간 혹은 다자 간 협력을 펼친 바 있고, 심도 있는 연구와 토론이 다각적으로 진행되고 있다.

두만강 하구와 연결된 남북한, 중국, 러시아, 몽고 일본은 정치 경제 제도와 지리적 조건의 제약을 무릅쓰고 이미 초보적인 이해와 기본 구상을 형성시켜 나가고 있다. 중국 정부가 확정한 창지투(長吉圖) 개발사업은 향후 동북아 물류 협력을 한걸음 더 추진시키고 입체적이며 일체화된 교통물류 네트워크를 구축하기 때문에 동북아 공동체의 발전을 급속하게 앞당길 것으로 예상된다. 실제로 지난 1995년에는 중, 북, 한, 러, 몽 등 5개국의 두만강 협력에 관해서 3개의 협정을 체결하고 두만강 개발 지역을 연변조선족자치주, 북한의 나진-선봉 자유경제무역지내, 러시아의 나호드까 자유경제지역을 포함한 연길-청진-나호드까를 연결한 대델타 지역으로 내정한 바가 있었다. 협력 사항으로서는 동북아, 특히 두만강 개발 지역에 있어서의 교통 전신 무역 공업 전력 금융 등 중점 분야에서의 투자의 촉진 등이 규정되었다.

관계국들은 상대적으로 뒤떨어진 이 지역의 경제 성장이 불가피하다는 정치적 결론에 이른 것이다. 즉 지역 간의 경제 격차와

불균형이 너무 커지자 경제 성장에 전환 조정을 강요당하고 있는 것이다. 이리하여 중국은 대형 국영기업 컨소시엄을 만들어 북한의 나진 · 선봉 경제특구를 본격 개발하기로 했다. 향후 50년간의 개발 · 운영권을 확보해 사실상 나진 · 선봉 특구를 접수하는 셈이다. 양 측은 현재 중국 다롄(大連)의 촹리(創力) 그룹이 개발 중인 제1부두와 북한 측이 개발하는 제2부두, 러시아 업체가 개발 중인 제3부두를 중국 국영기업의 주도 아래 컨소시엄 방식으로 개발하고 이후 50년 간 조차하기로 합의했다.

연해주 상실로 동해 진출길이 막힌 중국

중국은 청나라 말기 서양 제국주의의 침탈로 어수선한 시기에 러시아의 제안에 따라 1860년 '베이징 조약'을 체결해 연해주(沿海州)를 러시아에 넘겨줘 동북 지방에서 동해로 직접 나가는 바닷길이 막혔다. 이 결과 중국은 한국과 일본을 향한 동해 출항권이 150여 년에 걸쳐 숙원으로 되어 왔고, 이런 이유 등으로 이 지역은 미개발이 계속되어 왔다.

한반도 맨 꼭대기(북쪽) 지역인 함경북도 두만강 지역의 선봉과 러시아 연해주의 국경 마을인 보드그르나야, 그리고 중국의 동대문이라 할 수 있는 훈춘 지역을 포괄하는 팡촨(防川)지역은 두만강 하구 황금 삼각지 100㎢와 강 하구 델타지역과 함께 두만강 개발의 성공 여부를 결정짓는 결정적인 지역이다. 지금까지는 특히 중·러의 정치적인 미묘함 때문에 이 지역이 방치되어 왔다. 근처의 북한 나진항이나 청진항은 물류 거점으로서의 경제적 가치도 커 중국 동북지방, 한국 일본 미국 등으로 연결되는 물류 대동맥이 될 수 있다.

(2) 다롄(大連) 시대에서 두만강 하류지역 시대로

오늘날 중국 랴오닝성(遼寧省)의 다롄항(大連港)은 포화 상태인데다 길림 등 원거리 내륙 공업지역으로부터 철로를 이용한 물자 수송이 늘어 심각한 체증을 빚고 있다. 중국이 부득이 훈춘에서 나진·선봉에 이르는 도로의 포장과 보수비용 전액을 부담하면서 적극 나서 고속철도 건설을 추진하는 것은 이 같은 문제에 대처하기 위한 것이다. 중국은 2012년 연말까지 공사를 마치고 2013년부터는 나진항(羅津港)을 본격적으로 가동하겠다는 구상이다.

도로가 정비되면 중국 동북부의 중점 개발 프로젝트인 창지투(長吉圖·창춘~지린~투먼) 개발 계획은 나진항을 통해 활기를 띨 것으로 전망된다. 중국은 이 도로를 이용하여 석탄 등 연간 100만 톤의 물자를 나진항을 통해 중국 동부 연안으로 운송할 계획이며 해마다 6,000만 위안(약 102억 원)의 물류비 절감 효과를 거둘 것으로 기대하고 있다.

물류의 흐름으로 볼 때 동북 3성 중 흑룡강, 길림성의 석탄, 식량, 화학비료 등 제품의 효율적인 운송이란 나진항과 선봉항을 통하여 러시아, 한국, 일본, 동남아, 그리고 중국의 동남해안 지역 즉 상해, 강서, 절강, 광주 등으로 해상운송하는 방법이다. 중국은 현재 길림성과 흑룡강성의 석탄 및 옥수수, 콩 등 물량은 3,000만 톤에 달하는데 러시아와 중국, 북한이 국경을 접하고 있는 두만강 하구의 삼각지대에서 일어나는 유통혁명(流通革命)은 이 물동량에 대한 새로운 동북아 경제질서의 서막이 될 것이다.

지금 북한의 나진항은 중국의 동북 3성과 러시아 연해주, 몽골의 자원을 한국, 일본, 중국 동남부, 미국 서부의 거대한 배후시장과 연결하는 대륙과 해양의 접점으로서 역사의 호명을 받고 있다. 유엔도 나진에 주목하고 있다. 이 지역의 거대한 경제적 잠재력 때문이다. 한국과 중국 · 러시아 · 몽골이 참여하는 유엔 산하기구인 '광역두만강계획'(GTI)은 나진을 구심력으로 삼아 동북아 협력틀을 만들고 있다. 개혁 · 개방 30년을 통해 실력을 쌓은 중국과 극동으로 눈을 돌린 러시아, 자원부국 몽골이 적극적으로 동해출로(東海出路)를 모색하면서 지금 두만강 하구지역은 뜨거운 개발 에너지가 용솟음 치고 있다.

회고해 보면, 남만주(南滿州)철도주식회사 소위 만철(滿鐵)은 일제의 대표적 식민지 수탈기구다. 일제는 러일전쟁 후 만철을 세워 1945년 패망할 때까지 이 회사를 앞세워 만주를 경략했다. 두만강 하구에서 서북쪽 네이멍구 자치구의 만저우리(滿洲里)까지 모세혈관같이 깔린 철도망을 통해 만철의 영향력이 구석구석 미쳤다. 철로를 따라 방대한 지하자원을 일본으로 퍼 날랐다. 그러나 요동반도 다롄(大連)을 통한 서해 바닷길은 한반도를 우회해야 하고 무엇보다 만주 내륙을 거쳐 대련 등의 서해 항구까지의 육로는 거리가 멀어서 비경제적이었다.

동부아 물류의 중심지로 주목받는 두만강 하구지역

그때부터 만철의 전략가들은 지린(吉林)성에서 곧바로 동해로 빠지는 두만강 하구 지역으로부터 항로 개발에 주목했다. 전략가들이 찍은 혈맥은 나진과 지린성의 지린, 함경북도 회령을 철도로 이어 동해로 연결하는 물류로(物流路)였다. 두만강 하구는 북한과 중국과 러시아의 국경이 접하고, 시베리아와 만주 횡단철도의 시발점이며, 미국과 일본이 유라시아 대륙으로 가는 교두보라는 특성을 살릴 수 있는 지역이다.

만철의 몰락으로 사라졌던 '동북아 지중해 프로젝트'의 꿈! 그 꿈이 다시 태동하고 있는 곳이 바로 두만강 하구지역이다. 옌볜자치주 팡촨(防川) 전망대에 오르면 북한 · 중국 · 러시아의 두만강 삼각주와 동해가 한눈에 들어온다. 두만강철교로 연결된 러시아의 핫산역과 북한의 두만강 역 너머로 푸른 바다가 펼쳐진다. 임오군란, 갑신정변, 아관파천의 혼란 속에서 조선은 우리 땅을 청나라, 일본, 러시아의 각축장으로 내주고 방관할 수밖에 없었다. 이제 다시 두만강 하구지역이 꿈틀대면서 드디어 북한의 나선(羅先)지역이 뜨고 있다.

역사의 수레바퀴가 새롭게 돌기 시작했다. 이제 우리 한국은 어떻게 해야 할까? 나진을 쥐고 있는 북쪽 지도자의 손을 잡고 남북통일을 향해 통합과 비전의 리더십을 발휘할 때다. 만일 한반도의 현재진행형 미래를 보지 못하는 정치 리더십은 훗날 후손으로부터 길이길이 질타를 받을 것이다.

(3) 북한의 나선(羅鮮)특구

나선특별시(羅鮮特別市)는 북한 함경북도 동해안 북단에 있는 시로서 면적 746㎢, 인구는 약 196,954명(2008 추정)이다. 동쪽은 두만강을 경계로 중국 · 러시아연방 및 동해와 접하고, 서쪽은 은덕군 · 회령시 · 청진시, 동남쪽은 동해, 북쪽은 은덕군과 접한다. 선봉군은 한반도의 동쪽 끝으로 동경 130° 41' 32"에 위치하고 있다. 북한이 1991년 12월 자유경제 무역지대로 지정한 이 경제특구는 북한의 다른 지역과 격리되어 있고 북한에서 유일하게 사증(査證) 없이 입국할 수 있는 곳이다.

북한은 나선특별시의 '나선(羅鮮)지역'에 기초시설, 공업단지, 물류망, 관광 공동개발 및 건설을 중점으로 삼겠다는 계획을 세웠다. 원자재공업, 장비공업, 첨단기술공업, 경공업, 서비스업(봉사업), 현대고효율 농업 등 6대 산업을 집중 육성하겠다는 계획이다. 러시아도 나선특구 활성화 등을 통해 동북의 경제협력이 강화되면 연해주 개발, 나아가 극동아시아 개발에도 새로운 활력소가 될 것으로 기대하고 있다.

한국정부는 날로 뜨고 있는 나선특구 등 두만강 하구 지역에 제2개성공단 구상을 하고 있어 그 귀추가 주목된다. 실제로 개성공단이 작은 범위의 남북경제연합을 이루고 있고 그것이 나선특구 지역 등에 실행되면 남북경제연합 물꼬를 틀 수 있을 것이다. 이명박 대통령도 관심을 표명한 바 있지만 제2, 제3의 개성공단을 만들어 가면 그것이 남북통일로 가는 길이 될 수 있다. 한미 자유무역협정(FTA)에서 개성공단 생산품의 '한국산 인정' 문제를 두고 미국측과 재협상하면서 개성공단 제품이 우리나라 제품과 똑같은 혜택을 누릴 수 있게 되면 나선특구 등지에도 우리 기업이 대거 진출하게 될 것이다.

나진 · 선봉 경제특구의 현재 계획은 중국의 중국 3성 지역과 창지투(長吉圖) 지역의 물류 중계기지로 발돋움하려는 중국의 계획과 맞물려 있다. 중국 동북부 기업체들은 수송 원가 측면에서 강점이 있는 나진항을 통하여 한국의 자동차 기업들과 관계 맺기를 기대하게 된다. 창지투 지역에 자리 잡고 있는 중국 최대 자동차공장 지대에서 생산되는 자동차 부품의 수출 선적이 가능하게 되는 때문이다.

아무튼 우리 민족이 '동북아 한민족 경제공동체'를 누리기 위한 방법으로서 세상 사람들이 학(鶴)의 머리로 불리어지고 있는 이 두만강 지역(防川)을 국제교역기지로 탈바꿈시키는 일은 중요하다. 북한과 중국은 연간 물동량 처리 능력이 700만 톤인 함경북도 청진항 3·4호 부두를 30년간 공동으로 관리·이용하기로 합의했다. 중국이 60%, 북한이 40%를 출자한다. 현재 중국 동북3성 지역에서 처리해야 할 물동량이 연간 1,300만 톤가량 이라며 물동량이 늘수록 북한 동해안 항구를 확보하려는 중국의 노력은 더 치열해지고 있다. 중국은 나진항과 청진항 외에도 나진항 부근의 단천항(함경남도), 원산항(강원도) 진출에도 관심을 나타내고 있다.

북한은 부두(3,180㎡)와 노천화물 적치장(4,000㎡)의 30년 간 임대료에 해당하는 612만 유로(약 87억 원)를 자본금으로 분담했고, 중국은 하역 설비와 운수 도구, 항만건설 기재 등의 시설 경비에 943만 유로(약 130억 원)를 투자한다. 북·중 양국은 2012년 말까지 기중기 장착을 끝내 국제화물 복합운송과 국내 무역화물 운송을 시작할 예정이며, 2015년까지 화물 운송량을 100만 톤 이상으로 끌어올린다는 계획이다. 중국 옌볜(延邊) 조선족자치주 옌지(延吉)시와 북한 나선시를 잇는 버스 노선이 개통되어 최근 정식 운행을 시작했다 이 노선버스가 접경인 두만강을 건너기 위해 중국 쪽에서는 훈춘 취안허(圈河) 세관을, 북한에서는 나선 원정리 세관을 각각 지나게 된다. 전체 운행거리 200㎞ 가운데 중국 구간은 150㎞, 북한 구간은 50㎞다.

지금 중국은 동해로 나가는 출항권을 얻기 위해 북한의 나진·선봉을 50년간 조차해 막대한 돈을 쏟아붓고 있다. 이 때문에 현재 동해에는 수많은 중국 해군이 진출하고 있는데, 이것은 나진·선봉에 투자한 권익을 보호하고 두만강의 출항권을 보호하기 위함이다. 그런데 이 현상은 일정 부분 우리나라 안보에 있어 경계

대상이 되고 있다.

한반도 동해 북단의 항로상에 위치해 있고 대형 선박 입출항에 필요한 수심(水深)이 확보된 동북아 물류거점이라는 측면에서 나진-선봉 항만 지역과 청진항은 충분한 발전 잠재력을 보유하고 있다. 북한이 나-선특구를 시작으로 두만강 지역을 동북아 다국적도시(다국적 경제도시)로 형성하면 동북아 국가 간 관계의 안정에도 도움이 될 것이다. 두만강 하구 다국적 도시 건설계획은 추진해 볼 만한 프로젝트다. 두만강 하구 일대는 시베리아와 만주 횡단철도가 교차되는 곳인 동시에 대륙과 해양 물류가 교차하는 곳이기 때문이다. 천연가스 확보가 더욱 중요해지고 있는 이때 가스관 사업과 관련해서도 역시 의미가 깊은 프로젝트이기 때문이다.

이미 한국, 일본, 미국, 러시아, 몽골 등이 함께 참여하려는 정치적 의지가 있어 두만강하구 일대는 각국의 영토주의(領土主義) 성향으로부터 일정하게 분리된 다국적 도시가 만들어지고 있다. 이것이 남북통일의 밑거름이 될 것을 기대한다. 다가오는 북극해(北極海) 시대와 더불어 세계 해상물류 시장의 패러다임 전환과 함께 나진과 선봉 청진항의 활용은 한민족 통일공동체 형성에 크게 기여 할 것이 분명하다.

2. 환동해 경제권

(1) 극동국가 경제유착 시대

동해를 끼고 있는 남북한과 일본, 중국의 동북부, 극동 러시아를 하나의 경제권으로 묶어 한국과 일본의 기술력과 자본, 극동 러시아의 풍부한 지하자원, 중국 동북부와 북한의 노동력을 결합시킬 경우 EU나 NAFTA에 필적하는 동북아시아의 새 경제블록이 될 수 있을 것으로 기대된다. 환동해경제권(環東海經濟圈)에 속한 각국 지역의 공통점은 그 동안 정치적 요인으로 개발 제약 지역으로 되어 왔었다는 점, 그런데 지하자원을 비롯한 안정적인 자연자원이 풍부한 지역이라는 점, 그러나 이제 각국이 집중적으로 개발하려고 하거나 지역 단위 차원에서 개발의 필요성을 인정하고 있다는 점 등이 서로 맞아떨어져 환동해 경제권이 급속히 진전되고 있다.

현재 중국(동북3성 지역)은 러시아 연해주지역의 해군항인 자루비노항을 임차하여 활용하고 있으나, 중국의 국경과 러시아 국경을 지나서야 비로소 인적, 물적 교류가 이루어지고 있어 비효율적이다. 또 무엇보다 지속적인 양국간 협력 없이는 불안하여 중국으로서는 안정적인 동해안 항만 루트를 확보하는 일을 중요한 과제로 삼아왔다. 그동안 중국 동북3성은 한반도 북쪽 두만강 하류 지역의 북한-러시아-중국의 공동개발을 통한 항만 물류의 접근성을 확보하고,

동해를 통한 미국 시장, 일본시장 및 한국시장으로 접근할 수 있는 루트를 개발하기 위해 노력해왔다. 중국은 또한 이 계획과 유사한 UNDP(유엔개발계획)의 두만강 개발 계획에 대해 큰 관심을 갖고 있을 만큼 환동해경제권의 가시화는 모든 국가의 희망사항이다.

러시아도 아태지역 국제협력 중심지로서의 블라디보스토크 발전계획을 세워 블라디보스토크시의 위상을 강화하고 있으며 2012년에는 APEC 정상회의를 개최하고 관련된 조치를 시행하고 있다. 또한 2013년까지 극동 및 자바이칼 지역의 경제, 사회발전 연방프로그램도 추진할 계획이다. 소위 '러시아 극동발전전략 2025'는 극동, 자바이칼 지역의 낙후된 에너지와 교통 인프라가 직간접적으로 지역의 경제활동을 제약한다는 점을 감안하여, 이 지역의 교통 인프라 요인과 제품, 상품 및 서비스의 낮은 경쟁력을 개선하여 에너지, 교통물류 체계를 획기적으로 발전시키겠다는 투자 프로그램이다.

동북아시아의 내륙 국가 몽골의 동해안 물류루트에 대한 갈망도 매우 크다. 최근 시장주의 체제로 전환한 몽골은 국가전체 생산의 20.3%, 전체 산업 생산의 65.5%를 지하자원이 담당하고 있다. 몽골은 1차산업 위주의 국가경제로서 주요 1차 광물자원인 구리, 몰리브덴, 텅스텐, 금 등을 생산하여 수출하고 있다. 몽골에서 생산된 지하자원의 주요 수출국은 일본, 중국, 한국, 러시아 순이며, 몽골의 지하자원 수입국 중에서 한국은 제3위를 차지하고 있다. 이 때문에 몽골은 동해안 출항이 이루어지면 획기적인 물류비 절감을 이룩할 수 있다.

중국은 현재 두만강 유역의 중국 러시아 일본 한국 몽골 등 관계국간의 국경 무역으로는 부족하다고 여기고 초국경(超國境) 경제협력지구를 구상하고 관련 당사국들이 공동으로 역내 철도와 도로 항구 등을 잇는 교통망까지 구축해 가자고 제의하고 있다. 중국은 사실상 북한의 나진항과 청진항을 통한 동해 출해권 확보가 1차적 목표이나 창지투 계획(長吉圖, 창춘-지린-투먼을 축으로 하는 개발계획) 아래 이 지역을 대대적으로 개발해 훈춘 지역을 홍콩으로 만들 구상까지 하고 있다. 오늘날 훈춘시는 실제로 중국의 창지투 개발계획과 연계된 도시로 북한 나진항, 러시아 자루비노항을 통해 동해 및 태평양으로 이어지는 역할을 준비하고 있다.

포스코와 현대그룹은 훈춘 국제물류단지에 공동출자(포스코 80%, 현대 20%)하며 사업비 2,000억 원을 투입할 예정이다. 훈춘시 국제 합작 시범구에 위치한 이 물류단지는 1.5㎢ 크기로 물류창고, 컨테이너 야적장, 자동차 야적장, 집배송 시설, 관리부대 시설 등이 들어선다. 이 부지는 ㎡당 175위안(약 31,114원)에 중국 정부로부터 50년 동안 임차해 사용한다. 1단계 공사는 내년 말 완료돼 2014년 1월부터 훈춘 국제물류단지가 본격 가동된다. 2, 3단계 공사는 2019년 완공 예정이다. 이 물류단지에서는 목재, 곡물, 수산물, 사료, 자동차부품, 의류, 광학기기, 생활소비재 등 지린성과 헤이룽장성의 상품을 보관, 재가공한 뒤 북한 나진항과 러시아 자루비노항을 통해 중국 동남부 지역으로 운송해 수익을 창출한다는 계획이다.

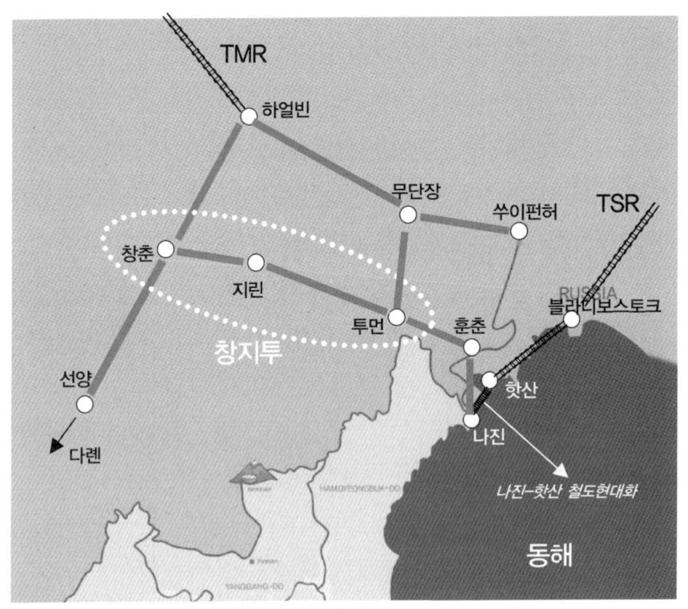

북 · 중 · 러 국경 부근의 주요 물류 거점

훈춘 개발은 1980년대 선전(深圳)에서 시작해 90년대 상하이 푸둥(浦東), 2000년대 톈진(天津) 빈하이(濱海)로 올라온 개발 열기를 2010년대에 이어 받겠다는 것이다. 그런데 앞선 도시들과 달리 훈춘에는 항구가 없다. 그래서 훈춘 개발도 '차항출해'(借港出海, 항구를 빌려 바다로 나간다)의 계획을 세워 약 50㎞ 떨어진 북한 나진항을 빌려 동해로 나간다는 구상을 하고 있다. 이미 계획을 차분하게 진행하고 있는 훈춘은 항구 도시 기능을 쌓아가고 있다. 중국은 접경 도시로는 처음으로 국가급 경제특구인 '훈춘 국제무역합작시범구'로 지정했다. 이웃 러시아의 연해주와 북한의 나진항을 겨냥한 조치다. 조성될 시범구는 2020년까지 90㎢ 면적에 제조단지, 보세구, 북–중 합작구, 중–러 합작구 등 4개 구역으로 개발된다.

(2) 유럽행 신(新)로드 대역사

세계 각국이 북극항로 개척에 관심을 갖는 가운데 이보다 훨씬 짧은 '시베리아 종단 루트'가 중국 주도로 개발되고 있다. 중국 동북 3성 북단~아무르강~시베리아 중부 내륙~레나강~북극해로 이어지는 시베리아 남북종단(南北縱斷) 물류 신(新)로드(road)다. 신로드는 지구온난화로 열린 북극항로보다 훨씬 짧아 완성될 경우 동북아 물류에 혁명적 변화가 예상된다. 북극해항로는 부산–유럽을 기준으로 기존 항로를 약 40%나 단축한다. 그런데 종단 신로드는 이를 더욱 단축시킨다. 시베리아 종단 '신로드'는 동방정책을 추진 중인 러시아와 동북 3성 개발에 박차를 가하는 중국의 이해관계와 맞아 떨어진다. 그래서 두 나라는 이미 접경지역(接境地域)에 4대 물류 클러스터 구축까지 했다.

이는 양국이 2009년 체결한 2009~2018년 극동·시베리아와 동북3성의 연계 발전계획 실천을 위한 일환이다. 블라디보스토크에서 시베리아횡단열차(TSR)를 사흘 타고 아무르 자치주의 스코보로디노, 여기에서 북행 열차로 갈아탄 뒤 토모트지역까지 북상해 다시 승용차로 옮겨 800km를 올라가면 이곳에는 중국인들로 넘쳐나고 있다.

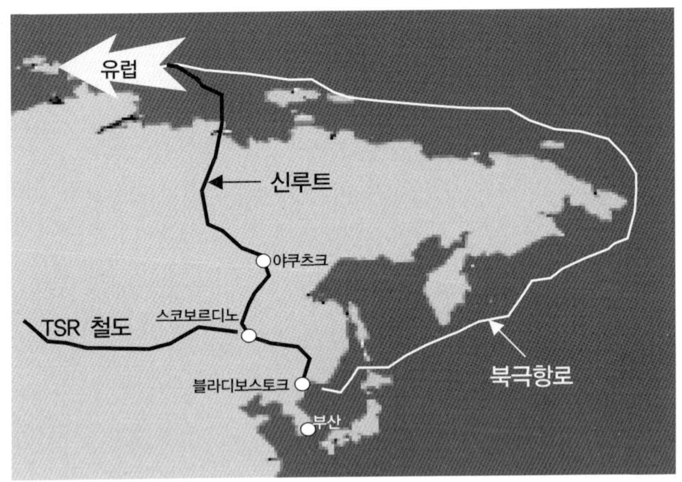

동북아 물류의 혁명을 가져올 시베리아 종단 신루트와 북극항로

러시아의 '블라디보스토크 키우기'는 지난 20세기 미국의 아시아 · 태평양 진출 전략과도 일맥상통한다. 동부 대서양 연안에서 출발했던 미국이 서부의 로스엔젤레스 건설을 통해 태평양의 파고(波高)를 넘어 동아시아를 향해 해양패권 팽창을 모색했던 것처럼, 현재 러시아는 잠자고 있던 블라디보스토크를 깨워 명실상부하게 아시아 · 태평양 지역의 해양 세력으로서의 공고한 닻을 내리고자 하고 있다. 블라디보스토크를 비롯한 연해주 지역은 1850년경부터 러시아의 유럽지역 사람들을 이주시켜 만든 식민지적인 지역이다. 이 때문에 소수의 원주민을 제외한 대부분의 이곳 사람들은 극동 아시아에 살면서도 아시아 의식이 약했다. 그런 사람들이 지금은 우리도 아시아 공동체의 일원이라는 생각으로 변화하

고 있다.

그런데 러시아 극동이 중국의 발 빠른 진출(투자)로 '중국화 경제적 식민지역'으로 탈바꿈하고 있다. 한국은 특별한 대책을 강구해야 한다. 우리 경제계가 적극적으로 참여하여 한국과 러시아, 그리고 북한과 한국의 관계를 강화해야 한다. 어떻게 하든지 협력을 구축하고 이 지역의 경제인들과 새로 만들어질 유럽행 신로드 네트워크에 동참하면서 답을 찾아야 21세기 살 길이 더 마련될 것이다.

지금 푸틴의 러시아가 환동해권 역내에서 부상하기 위해 동원하는 경제적 지렛대는 에너지, 철도, 전력, 광물, 식량 등의 전략재(戰略材)들인데, 이 모두는 한국의 존립과 국가 번영에 필수불가결한 자원들이다. 이 밖에 북핵문제의 평화적 해결, 한반도 평화와 안정, 중국의 과도한 영향력 견제, 동북아 다자안보체제(多者安保體制) 창설, 북극항로 개발, 남 · 북 · 러 삼각경협(三角經協) 등 한반도와 동북아에서 한 · 러 양국이 추구하는 국익을 고려할 때, 러시아의 신동진(新東進) 정책에 따른 기회적 요인은 많다.

현재 한반도와 동북아의 지정학적 현실은 공고한 대(對)러 협력관계 구축을 절실히 요구하고 있으며, 이와 비례해 한 · 러 간의 전략적 동반자 관계 발전을 심화시킬 필요성이 부각되고 있다. 러시아를 새롭게 볼 시점이다. 우리 한국(기업 투자)이 유럽행 신(新) 로드에 참여해, 남북이 공존하면서 장기적으로 통일 초석을 만드는 계기를 찾을 때라고 생각된다.

(3) 한 · 북 · 중 · 러의 관계 그리고 통일

한반도 최북단의 두만강 삼각주가 용틀임하고 있다. 러시아는 이미 2012년 8월 블라디보스토크에서 열린 아시아태평양 경제협력체(APEC) 정상회의를 통해 동진(東進)을 선언했다. 러시아의 블라디보스토크와 중국, 그리고 북한의 나진 · 선봉 지역을 잇는 두만강 삼각주는 동아시아의 전략적 요충지다. 중국은 이미 국가 차원에서 창지투 프로젝트를 강력히 추진 중이다. 러시아는 극동에 자국 부동항(不凍港)들이 여전히 미개발로 남아 있지만 북한 나 · 선지구에 우선 투자를 시작했다.

러시아와 북한은 접경지역인 핫산과 나 · 선지구를 잇는 54㎞의 철도를 정식 개통한다. 러시아가 철도 현대화 사업비 83억 루블(약 2,909억 원)을 전액 부담했다. 양국은 철도 궤도로 표준궤와 광궤(廣軌)를 함께 설치했다. 한국 중국 북한의 표준궤보다 폭이 넓은 러시아 시베리아횡단철도(TSR)가 나선까지 이어진 것이다.

이렇게 되면 유럽으로 직접 수송되는 화물을 한국의 화물선이 나진으로 운송할 수 있다. 북한의 나진항은 구소련 붕괴 전에 소련 화물의 수출입 통로로 활용되었기 때문에 러시아는 포화상태인 연해주의 극동항만을 대체하고자 나진항 임차에 관심을 가지고 있다. 그리고 북한은 북한대로 나진항 개발권 활용을 통해 중국과 러시아 간의 경쟁을 이용하면서 나진 · 선봉 경제특구의 인프라를 개선하여 중국3성 지역과 특히 창지투 지역의 물류 중계기지로 발돋움하려는 계획이다. 중국은 그들의 동북부 기업체들이 수송원가 측면에서 나진항을 이용하려 들것이기 때문에, 향후 나진항 부두 건설이 완료되면 나진항을 더욱 활용하려고 들 것이다.

중국의 나 · 선특구 개발과 러시아의 동진정책에 응할 수 있는 가장 좋은 파트너는 한국이다. 이명박 대통령이 제2의 개성공단 설치는 두만강 하류의 이 지대가 될 수도 있다고 한 것은 적절한 언급이다. 중국 동북지방 경제질서 및 환동해권 경제 재편에 한국이 중추적 역할을 할 수 있도록 눈을 돌려야 할 때다.

러시아가 APEC 총회 개최를 계기로 획기적인 경제협력 확대를 바라는 첫 번째 후보는 한국이다. 러시아 전문가들은 한목소리로 한국의 적극적인 참여를 요청한다. 그들은 러시아의 극동지역이야말로 한국과 가장 효과적인 경제협력을 이끌어낼 수 있는 지역이라고 강조한다. 러시아가 바라는 한 · 러 협력은 시베리아 횡단철도(TSR)와 한반도 종단철도(TKR) 연결, 남한 · 북한 · 러시아의 천연가스관 사업에 머물지 않는다. 러시아는 그들이 추진 중인 거미줄 형태의 교통망 건설과 북극항로(北極航路)와 블라디보스토크~하바롭스크 고속철 건설 사업에도 한국의 참여를 기대한다. 블라디보스토크는 서울에서 불과 744km 떨어져 있다.

그 너머에는 극동지역만 따져도 한반도보다 15배나 넓은 지역에 자원이 풍부하게 잠재되어 있고 비옥한 땅이 펼쳐져 있다. 러시아의 극동은 지정학적인 이유로도 우리에게 기회의 땅이다. 한국은 푸틴의 야심찬 신동진(新東進) 정책을 받아들이고 대응할 때다. 과거 19세기 중엽 러시아의 신동진정책이 영토 팽창을 위한 군사적 진출이 목적이었다면, 21세기 신동진 정책은 새로운 러시아의 국부창출과 특히 한국이 포함된 환동해 아태지역에서의 지정학적 영향력 확대를 고려한 경제적 진출이라는 점에 주목할 필요가 있다.

북한도 변화될 것이 예상된다. 물론 북한은 폐쇄사회다. 그렇지만 남북간의 왕래는 어떤 식으로든 이어가는 게 중요하다. 독일 사람들도 수십 년 동안 통일이 오리라 생각하지 못했다. 하지만 다양한 차원의 만남이 인도주의적 교류로 이어지면서 동서독의 통일로 이어졌다. 남북통일도 그렇게 해야 되고 지금 그러한 여건이 되어가고 있다.

두만강 개발의 변수 가운데 가장 중요한 것은 한국국민의 태도다. 동북아 안정을 중시하는 중국은 한국이 한반도 북부에서 안정을 보장할 능력과 의지가 분명하다고 판단하면, '대북(對北)개입'을 부작용이 많은 정책으로 여길 가능성이 있다. 하지만 한국국민들이 통일 비용이 크게 들고 통일은 불필요하다고 생각한다면, 북한 내 급변사태의 경우 한반도 북부에서의 경제 복구와 안정 유지에 대한 한국의 주권적 책임을 받아들이지 않을 우려가 있다. 그렇게 되면 중국의 개입 가능성은 높아질 것이다.

물론 통일은 한국국민의 큰 희생을 전제로 하는 것이 당연하다. 이러한 희생 없이는 남북의 평화통일을 이룩하는 것은 쉽지 않다. 장기적인 분단으로 통일에 대한 한국 국민의 관심이 줄어드는 이 시기에, 무르익어 가는 두만강 하구 개발이 남북 평화통일을 향한 하나의 기회가 될 수 있음을 우리 한국민은 깊이 묵고(默考)했으면 싶다.

두만강 하구지역은 우리민족의 염원이 맺힌 지역이다. 안중근의사가 활동한 곳도 이 지역이었다. 103년 전 그는 이곳에서 하얼빈으로 가서 침략과 지배논리의 일본 정치가 이토 히로부미를 쐈다. 동양평화를 위해 부득이한 일이었다. 그리고 그는 조선의 국권회복과 동양평화를 위한 의로운 전쟁을 수행한 전쟁포로이기에 만국공법이 아닌 일본 제국법정에서 재판받을 이유가 없다고 천명한 후, 목숨을 구걸하는 항소를 포기한 채 뤼순 감옥에서 『동양평화론』을 쓰고 생을 마쳤다. 그가 동양평화론에서 남긴 내용에는, 동양평화회의 개최, 한 · 중 · 일 동북아 3국 공동은행의 설립과 공용화폐 발행, 뤼순 등의 지역 개방과 공동관리 및 동양 3국의 공동군단 편성 등이 담겨있다. 오늘의 유럽연합(EU)과 같은 동아시아공동체를 100년 전에 그려낸 안중근의사의 혜안이 놀라울 뿐이다.

국가간의 대립 대신 통합을 목표로 했던 EU의 취지는 오늘날 동북아시아 국가에 시사하는 바가 크다. 독도, 이어도, 댜오이다오 등 영토 문제는 기본적으로 양보나 타협가능한 것이 아니지만 협력이 우선되어야 할 시기에는 새로운 변화를 모색하는 게 바람직하다. 국가를 이끄는 지도자들은 장기적으로 우선순위를 선별하고 정책을 추진할 필요가 있다. 바라건대 한국 등 동북아시아의 정치 지도자들이, 두만강 하구에서 안중근의사가 동양평화를 이룩하고자 목숨을 바쳐 추구했던 정신을 계승하여 상호 윈윈(Win Win)의 기회를 놓치지 않고 상생의 방법을 찾는 지혜를 다하기를 기대한다.

제8장

해양 신안보 시대

제8장 해양 신안보 시대

1. 해상운송로의 중요성

유럽연합(EU)의 핵개발 제재에 반발하고 있는 이란이 세계 각국을 향해 원유 수송의 요충지인 호르무즈해협을 봉쇄하겠다고 위협하고 있다. 이에 대해 미국은 걸프해(페르시아만)에 스텔스 전투기와 해군병력을 증강했다. 미 해군은 소해정을 두 배인 8척으로 늘렸고 항모 타격단 지원등을 위해 F-22 스텔스기와 F-15C 전투기도 걸프만에 인접한 군 기지 두 곳에 배치했다. 이로써 이란의 해안 미사일 공격에 대응하고 이란 내륙 지역에 있는 목표물도 타격할 수 있는 전투력이 향상되는 셈이다.

21세기에 해상운송통로(Sea lane)를 두고 큰 전쟁이 일어날 위험이 있는 곳은 이곳 뿐만은 아니다. 만약 해상운송의 흐름이 방해되었다면 지난 50년간 한 · 중 · 일의 경이로운 경제성장은 불가능했을 것이다. 냉전 이후 세계화는 해양 의존을 더욱 강화시켰다. 동아시아 국가들이 해양운송로를 기반으로 하여 국제무역에서 얻은 GDP의 비율은 1990년 47%에서 2006년 87%로 증가하였다. 자원이 부족하여 수출 지향적인 정책에 주력하고 있는 동북아 국가들의 발전 열망을 감안할 때 해상교통로의 안보는 더욱 중요하다.

중국, 일본, 한국은 모두 자국 생산물을 해외시장 특히 북미와 유럽시장으로 수송하고 원료와 부품 및 에너지 자원의 수입을 위해 바닷길을 주요 운송로로 삼고 있다. 한국은 99% 이상, 중국은 80~85% 이상, 일본은 90% 이상을 해상운송으로 공급한다. 해상교통로의 안보는 1960년대에 경제 도약 이후 특히 한국의 국익을 지속시켜 왔다. 한국은 1960년대 초반부터 오늘에 이르는 약 50년 동안 무역국가의 길을 걸으면서 해상운송 통로에 의존해 경제발전을 이룩할 수 있었다.

제주 해군기지가 특히 중요한 이유는 이곳이 한국으로 들어오는 물동량을 지키는 마지막 해상 운송로이기 때문이다. 한국으로 들어오는 전략물자(식량과 석유)는 궁극적으로 제주 남방항로를 통해서만 한국의 주요 항구(부산, 울산, 광양, 여수, 인천, 목포 등)에 도달할 수 있다. 한국이라는 국가가 '위기에 놓이는 경우'란 바로 수출입 물동량이 한국의 항구들로 원활하게 유입되지 못하는 상황을 의미한다. 그리하여 국제분쟁 상태에 있는 나라들이 상대국 항구들을 봉쇄하는 것은 솔직히 바로 상대방을 향한 물자 유입을 중지시켜 질식시키기 위한 작전이다. 그것은 전쟁 수행력 그 자체를 마비시키는 행위다.

그런데도 한국은 바다를 잘 이용한 지난 반세기의 대부분 기간 동안 해상안보(海上安保)에 별로 신경 쓰지 않았다. 무역국가인 대한민국이 바다의 안보에 신경을 쓰지 않은 것은 이상한 일이다. 한국이 바다의 안보를 걱정하지 않은 채 오늘날 세계 8위의 무역 대국이 될 수 있었던 것은 솔직히 미국이 보장해주었던 해로안보(海路安保) 덕택이었다. 그러나 경제구조가 급변한 세계화의 시대는 안보 구조의 변화를 초래했다.

대한민국의 국가 안보에서 점차 해양 안보의 비중이 커지면서 우리 자신 스스로 해양 수송로를 지키는 등 바다를 지키는 것이 곧 국가안보를 보장하는 일이 되었다. 국제안보 구조가 변한 새로운 시대가 도래하면서 우리는 새로운 국가 안보 전략을 자체적으로 세우지 않을 수 없게 되었다. 신라 장보고의 가장 큰 공은 해상 수송로를 방해하는 해적을 소탕하고 한 · 중 · 일 3국을 잇는 해상 실크로드를 건설한 점이다. 그의 강력한 수군(오늘의 해군) 아래 남해와 서해의 일본 왜구는 소탕되면서 평화를 찾고, 국제 해상무역은 꽃을 피울 수 있었다.

동아시아 해역을 평화의 바다로 만들기 위해서는 장보고에 비견될만한 우리의 새로운 노력이 요구된다. 적어도 우리 근해 해양 통로를 놓고 제3의 국가들이 싸움을 벌이는 한탄스러운 일이 벌어지지 않도록 21세기의 장보고식 해양방어 전략을 수립해야 한다. 그것뿐만이 아니다. 20세기 후반부터 사정은 급변하였다. 영해(領海)의 범위가 자국의 해안으로부터 3해리에서 12해리로 확대되더니 최종적으로 1994년 유엔해양법협약에 따라 영해와 배타적경제수역(EEZ)은 200해리로까지 확대되면서 바다의 안보문제가 이제는 바닷길(Sea lane)의 안보 외에 EEZ의 어업자원과 해저대륙붕의 석유 · 천연가스를 비롯한 각종 광물자원 및 재생 에너지의 보고에 대한 안보 역할이 추가되었다.

이제 국력은 해군력을 분모로 해야 한다. 노다 일본총리가 중국과의 센카쿠 문제를 두고 해군력이 강한 중국에는 냉정을 잃지 말자는 친서를 보낸 반면, 한국과의 독도문제를 두고는 우리에게 사과를 요구하고 있는 것이 바로 그것이다. 우리는 하루 빨리 해군을 강화해야 한다. 우리 해군이 독도를 지키고 일본 해군을 견제할만한 전투함, 3,000톤 급의 잠수함, 항모, 미사일 등 충분한 전력을 보유하고 있어도 일본이 그럴 수 있었겠는가? 일본의 도발을 막기 위해서라도 해군의 증강이 급선무이다.

2. 한국의 남서해 항로

한국의 수출입 해로(海路)는 크게 동서와 남쪽으로 이어지며 그 길이가 길다. 한국의 해로는 모두 중요하지만 그럼에도 불구하고 우리나라의 사활이 걸린 '에너지 해로'인 남방 항로는 특히 중요하다. 제주도의 동서 양쪽을 지나가는 남방 항로는 유조선(탱커) 외에도 매일 수백 척의 상선과 어선이 통항하고 있다. 이 항로는 대한민국의 물동량 대부분이 통과하는 곳이기도 하지만 세계 총 물동량도 약 14%가 통과한다. 남방 항로의 가장 중요한 지점인 울산에서 페르시아 만에 이르는 해로는 평균 항해 기간이 17~18일이다. 2010년 1년 동안 한국은 8억 7,200만 배럴의 석유를 이 해로를

대형 원유수송선

통해 수입했다. 매일 약 40만 톤의 석유가 공급되어져야만 움직일 수 있는 공업국가 대한민국은 제주 남방항로를 반드시 지켜야만 하는 '해상안보 명제' 국가이다.

19세기 말에서 20세기 초에 활동한 미국의 해양전략가 알프레드 마한(Alfred T. Mahan)은 그의 유명한 책 『해양력이 역사에 미치는 영향』에서 해양을 '대교통로'(大交通路)라 정의하고 세계의 주요 해로를 장악하는 나라가 세계 최고의 강대국이 될 수 있다는 논리를 전개한 바 있다. 전 세계의 강대국 지도자들은 마한의 이 책을 정독하고 그의 가르침에 입각한 해양 대전략 수립에 몰두했다. 그 후의 역사가 입증하듯이 해로를 장악한 나라가 결국 강대국가가 되었으며 이 나라들은 모두 대 무역국가가 되었다. 우리나라도 해양국가를 지향하여 무역국가가 되었다. 우리가 남방 해로를 지키는 데 있어 최적의 지정학적 요소를 갖추고 있는 제주도 해군기지 건설을 해야 한다는 논리를 더 전개할 필요가 있겠는가.

남방해로는 대한민국 모든 해로 중에서 결정적으로 그 중요성이 크다. 만일 특히 남해안은 항만과 항로가 많고 주변에 섬이 많으며 조류가 복잡해 외부 세력의 공격을 방어하는 데 유리한 지역이다. 이들 지역을 배경으로 삼아 이순신 장군은 왜군을 물리쳤고 장보고는 해적을 물리치면서 해상 패권을 장악하면서 국가를 지키고 국력을 키웠다.

오늘날 중국 대외정책의 핵심은 바다 세력을 확장하는 소위 해양공정(海洋工程)이다. 중국의 해양공정은 분쟁 중인 베트남, 인도네시아 등과 인접한 난사(南沙) 군도와 시사(西沙)군도 그리고 그 섬과 연계된 EEZ(배타적경제수역)의 남중국해에서부터, 이제 동중국해로 북상 중이다. 그리고 댜오위다오(일본명 센카쿠열도)를 두고 일본과 분쟁하고 있다. 우리의 이어도도 이 중국의 해양 공정에서 자유롭지 못하다.

최근에 중국이 서해에 해군력을 증가시키는 것도 해양공정의 신호탄이다. 그들의 오랜 숙원이었던 동해 진출은 북한이 나진항과 선봉항을 내주면서 금년부터 우리의 내해(內海)라 할 수 있는 동해까지 중국 선박들로 붐비게 됐다. 그동안 서해는 사실 남북한과 중국 해군의 활동 해역이었다. 한국과 중국은 배타적경제수역(EEZ) 경제선 확정 및 중국 어선의 불법 조업과 관련한 갈등을 안고 있지만 이제는 그것이 더욱 확대되어 안보 갈등으로 돌변하고 있다. 중국은 러시아와 함께 서해상에 함정을 대대적으로 동원해 합동훈련을 실시하고 해군 능력을 과시하였다. 일본 역시 향후 북한이 탄도미사일을 발사할 경우에 대비라고는 하지만 서해에 이지스함을 배치하여 감시 활동을 벌일 것이라고 밝히고 있다.

이처럼 서해에서 예사롭지 않게 전개되고 있는 각국의 해군 활동은 그들이 수립하고 있는 서해상의 군사전략과 관련이 있기 때문이다. 중국은 서해를 내해화하여 독점적으로 활용하고 해양 관할권을 확대하려고 한다. 중국의 해양 전략은 서해를 제1도련(島鏈 · 섬과 섬을 연결한 방어선)으로 설정하여 자국 해군력 영향권으로 이미 구분하고 있다. 서해는 미국과 일본의 감시 전력으로부터 비교적 멀리 떨어져 있기 때문에 중국이 항공모함을 포함한 주요 해군 전력을 배치하고 전략적으로 활용할 수 있는 이점이 있다. 천안함 폭침사건 이후 서해의 한미 연합훈련에 대한 중국의 강력한 반대에서 알 수 있듯이 중국은 서해에서 진행되는 외국 해군의 군사 활동에 대해 민감하게 대응하고 있다. 우리는 이에 어떻게 대응할 것인가? 이것이 오늘의 한국의 과제다.

3. 제주 해군기지의 중요성

(1) 위치적(位置的) 조명

제주도의 해군 군사기지야말로 해양 프런티어를 시작할 수 있는 한국의 요충지이다. 한반도의 지도를 거꾸로 보면 대륙에 달린 작은 반도가 아니라 대륙의 힘을 대양으로 투사하는 창끝임을 알게 된다. 역사적으로 윤관의 9성, 최윤덕과 김종서의 4군과 6진이 대륙으로 향한 민족의 팽창 욕구였다면, 이제는 해양으로 우리의 영향력을 확대해야 할 상황이다. 제주도는 바로 최선단(最先端)에 위치해 있어 이 영향력을 감내하기에 최적합 지역이다. 거듭 말하지만 한국은 물동량의 99.8%를 해양로에 의존하고 있어 해상교통로(SLOC)는 우리 민족의 생존을 좌우하는 중요성을 지닌다. 동아시아에서 미국과 중국의 세력 경쟁이 치열해질수록 더욱 강력한 해군기지를 통하여 우리의 해양 안전을 도모해야한다.

일부 논자들이 제주 해군기지를 '평화파괴 기지'로 호도하고 심지어 '해적 기지'라고까지 폄훼한 바 있었는데 참으로 어이없는 시각이다. 미국이 동아시아에서 제국주의적 해양지배를 하려는데 우리 해군이 제주 해군기지를 만들어 돕기 때문이라는 것이다. 정치가 이데올로기의 색채를 띨 수는 있다고 하지만, 이런 망발은 용서할 수 없는 말이다. 중학생 수준이라도 제주 해군기지가 한국의 안보를 수호하는 해양전략적 요충지임을 확인할 수 있다. 위협에 대응할 수 있는 지정학적 길목(choke point)에서 도서 영유권과 EEZ · 대륙붕 수호 등 해양 분쟁에 신속 대응할 수 있는 해양로에 인접해 위치해 있기 때문이다.

실제로 중국이 영유권을 주장하면서 이어도에 대한 분쟁을 일으켰을 때 출동 시간은, 부산에선 21시간 30분, 중국 칭다오에선 11시간 15분, 일본 도리시마에선 12시간 40분이 소요된다. 그러나 제주기지에서는 7시간이면 현장까지 출동이 가능하다. 무엇보다 이곳은 우리나라 교역 물동량의 99.7%가 통과하는 길목이기도 하지만 동시에 그 해저에는 천연가스와 원유 등 해양자원 230여 종이 매장된 보고이다. 이런 자원의 보호도 해군의 필수적인 임무인 것이다.

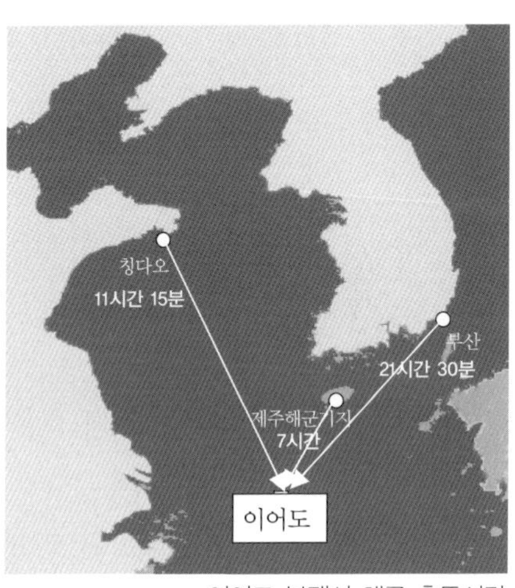

이어도 분쟁시 해군 출동시간

불과 100여 년 전 우리나라는 강력한 해군 전력이 없어 나라가 망한 치욕을 경험하지 않았는가! 우리 해군은 현재는 제주에 해군기지가 없어 남방 해로와 부근의 바다를 지키기 위해 부산 해군작전사와 진해나 목포에서 출동해야 한다. 만약 이어도에서 상황이 발생해 해군 함정이 출동하려면 부산 해군기지에서 이어도까지

21시간 30분이 소요된다. 제주 해군기지가 건설되면 7시간이면 도착할 수 있어 부산보다 14시간 30분을 단축할 수 있다. 그뿐 아니다. 한반도 해역의 중앙에 위치한 제주도는 한반도 유사시에는 해군 전력의 집중과 분산에 유리하다. 남북 대치 상황에서 제주기지에 배치한 이지스함 중심의 기동선단이 적대국의 우회침투를 차단하고, 동 · 서해 전장 상황에 따라 전력을 융통성 있게 투입할 수 있는 전략요충지 중의 요충지이다.

이는 우리 영해 밖에서 벌어지는 상황에 대해서 즉각적인 대응 작전 수행이 쉬워지고 중국, 러시아, 일본 등 주변국에 비해 열세인 우리 해군력의 보완재 역할도 할 수 있다는 것을 의미한다. 지금 이어도에는 우리의 해양과학기지가 설치되어 있다. 우리나라 최남단 제주도에 해군기지가 들어간다는 것은 군사안보 측면에서 확대된 우리의 해양시설을 보호하는 당연한 정책이다.

제주 해군기지는 관광지(觀光地) 제주도에 들어오는 크루즈선 등의 입항에도 지장이 없다. 시뮬레이션 결과 제주 해군기지에는 15만 톤급 크루즈선의 안전한 입출항이 가능하다. 제주 민 · 군 복합항 설계상 선회장 길이는 시뮬레이션의 모델이 되었던 퀸메리 2호(15만 톤급, 직경 345m)의 1.5배로, 실제 시뮬레이션 결과 180도 회전이 가능했고 1.3배에서도 선회가 가능했다. 퀸메리 2호가 실제 입항한 항구 중 시드니와 함부르크, 바르셀로나 등은 선회장이 훨씬 좁은 약 1.2배에 불과하다.

제주 해군기지는 국가안보의 방어와 국가이익을 보호를 위한 당연한 군사기지다. 중국과 일본 등 주변국의 해군력을 우리가 압도할 필요는 없더라도 견제할 수준은 되어야 한다. 그렇지 않아도 중국 어선들이 집단으로 불법조업을 하고, 우리 서해와 남해에 중국의 항공모함과 대형 잠수함이 출현해 노골적으로 우리를 위협하는 모습은 우리 국민을 분노하게 하고 있다.

우리나라는 중국과의 실용주의적인 정책을 가볍게 볼 수 없는 입장인 것이 현실이다. 경제적으로 최대 교역국이며 북한에 영향력을 직접 행사할 수 있는 국가는 중국밖에 없기 때문이기도 하고, 중국을 자극하면 경제적으로도, 남북한 관계에도 도움이 될 게 없다는 논리도 일리가 있기 때문이다. 제주 해군기지는 오직 안보 측면에서만 대응하면 된다. 중국 또는 미국 어느 국가를 편드는 것이 아니라는 신념을 가지면 어느 쪽도 오해를 하지 못한다.

(2) 21세기형 해양전쟁 대비

2012년 말과 2013년 초는 한국을 비롯해 미국 일본 중국의 정권이 바뀌는 시점으로 정치 · 군사 · 경제적으로 세계가 요동치는 대격랑의 시기이다. 60년마다 맞는 임진년은 항상 큰 변란과 영토분쟁 등 대 사건들을 동반했다. '신 3국지'로 불리는 지금의 한중일 해양 영유권 분쟁도 그런 예다. 지도부를 교체하는 중국은 대국굴기의 깃발 아래 부쩍 커진 해군력을 바탕으로 댜오위다오(센카쿠열도) 영유권을 두고 일본과 치열한 각축전을 벌이고 있고, 일본은 독도 영유권을 고집하고 있는가 하면 중국은 한국 관할수역의 수중 바위섬 이어도가 자기네 관할이라고 우기고 있다. 한때 무인기를 띄우겠다고 하는 등 이어도에 대한 중국의 집착은 노골적이다.

세계사의 주요 대목마다 해양에서의 분쟁과 전투는 때로는 국가흥망을 가져오면서 역사의 방향을 전환시켰다. 유럽세계와 동방세계가 지중해 패권을 놓고 다툰 1571년의 레판토 해전, 영국 해군에 의해 스페인 무적함대가 격파되는 1588년 칼레 해전, 넬슨제독이 이끄는 영국 해군과 나폴레옹 군대가 맞붙은 1805년의 트라팔가 해전, 태평양의 패권을 결정지은 1942년의 미드웨이 해전 등은 그 좋은 예이다. 로마제국 붕괴 이후, 유럽은 영주국, 도시국가, 절대왕정, 국민국가라는 흐름으로 변화해가면서 그 때마다 제해권(制海權)을 보유하는 해양지배국(Sea Power)으로의 강화라는 흐름을 보여주었다.

중국은 최근 국방전략을 기존의 대륙 중심에서 해양군사력을 강화하는 방향으로 바꾸고 있다. 해양방위 경계선인 제1 도련(오키나와~대만~필리핀)과 제2도련(사이판~괌~인도네시아) 설정은 태평양 제패를 노리는 야심찬 해양 전략이다. 올해 취역한 중국 최초 항공모함 랴오닝호는 중국 해양군사력 강화의 대표적 사례다. 작년 중국은 15년 만에 처음으로 군함 2척을 원산항에 보내 동해 진출 의도까지 드러냈다. 점점 거세질 중국(일본 포함)의 제해권에 대비해야 할 시기다.

중국은 남중국해에서는 동남아 국가들과, 동중국해 댜오위다오(센카쿠열도)에서는 일본과 분쟁 중이다. 만일 이어도에서 문제

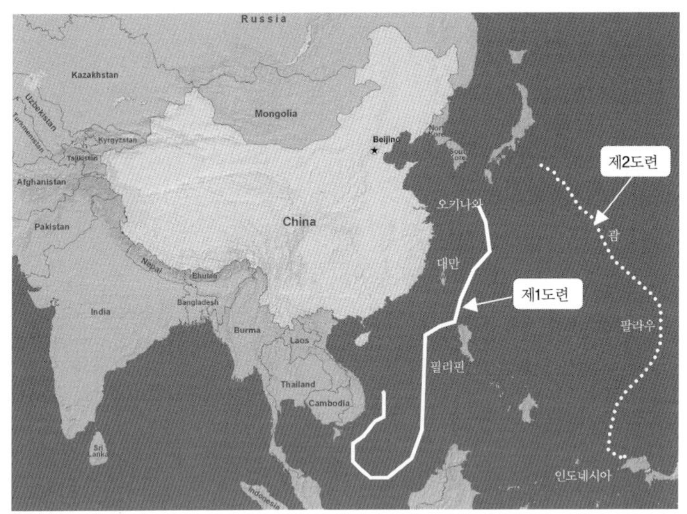

중국이 태평양 패권을 염두에 두고 설정한 제1도련과 제2도련

를 발생시킬 경우 앞서 살폈듯이 우리 해군이 부산에서 출동하면 21시간 30분이 걸리지만, 제주 해군기지가 만들어지면 7시간 만에 현장에 도달할 수 있는데, 군 작전에서 출동시간은 승패를 좌우하는 결정적 요인이다.

우리 해군은 그동안 중국 · 일본 등 주변국의 해군력 증강에 대처하기 위해 한국형 이지스함 3척(7,600톤급), 아시아 최대의 상륙함인 독도함, 4,500톤급 한국형 구축함 6척 등으로 구성된 기동전단을 건설해 왔다. 기동전단은 유사시 남북 간의 충돌은 물론, 말라카 해협 등 우리의 해상수송로 보호작전, 세계 주요 분쟁지역에서 유엔 평화유지활동(PKO) 지원작전을 펼 수 있는 일종의 전략 기동부대다. 기동전단은 현재 진해와 부산에 나뉘어 배치돼 있으나 제주기지가 완공되면 이곳에 배치되어 기동성이 증가된다. 제주기지에 함정과 잠수함이 배치되면 제주 해군기지는 한반도 해역 한가운데에 있어 중국 또는 일본과의 유사시에 동 · 서 · 남해에 신속한 출동이 가능하다.

역사상 모든 제국(帝國, Empire)은 커지는 경제력만큼 더 큰 영향력을 행사하기를 원했다. 우리 주변의 국가들 러시아, 중국, 일본이 모두 제국의 역사를 가지고 있다. 이 제국의 틈바구니에서 우리는 주권을 가진 독립국가로 살아남아야 한다. 러일전쟁 발발 직전에 이승만 초대 대통령은 옥중에서 『독립정신』을 펴내고 한국국민의 자주(自主)와 독립(獨立)을 다음과 같이 강조했다. "자주란 사람이나 나라나 제가 제 할 일을 하는 것이고 독립이란 따로 서서 남에게 의지하지 않는 것이다." 백 년 전 이승만 전 대통령의 이 외침이 지금도 우리 귀를 때리고 있다.

을사늑약이 체결된 뒤 뉴욕타임스는 "일본이 한국을 지배하는 데 큰 걸림돌은 더 이상 청(중국)이나 러시아 같은 외부세력에 있지 않다. 그것은 오직 한국민의 내부에 달린 것"이라고 보도했다. 조선을 지킬 수 있는 것은 외부(국) 세력이 아니라 조선(한국) 국민밖에 없다는 얘기다. 동 · 서해는 물론 제주해협과 제주 남방 해역 등의 해양위기를 통제하는 데는 제주기지가 최적의 위치임을 거듭 지적해둔다.

(3) 제주 해군기지의 기동성 보완

중국이 소련의 옛 항공모함 바랴크호를 개조 수리한 랴오닝호의 시험 항해를 하여 주변국들을 긴장시키고 있다. 중국은 국제사회의 우려를 의식해 과학연구와 훈련 목적으로 사용할 것이라고 강조하고 있으나 랴이닝호의 위협은 사실로 드러나고 있다. 구소련에서 건조 중이던 바랴크호를 개조한 이 항공모함이 중국 항모시대를 여는 선도함(先導艦)이기 때문이다. 중국은 이미 자체 개발 핵추진 항모 2척도 건조 중이다. 일본은 이미 중국의 항공모함에 대항할 잠수함 전력 증강에 나서고 있다. 베트남 또한 중국의 해상 위협 증대에 대비해 러시아로부터 K급 잠수함 6척을 도입할 예정이다. 대만은 중국이 항공모함 해상 시험을 하던 당일에 중국 항모를 겨냥한 잠수함 탑재형 슝펑 순항 미사일을 공개하면서 민감한 반응을 보였다.

남중국해에서 긴장이 고조될 경우 우리의 해상교통로가 위험에 처하게 된다. 중국은 남중국해가 중국의 핵심 이익임을 천명하고 도서 영유권 분쟁에 미국이 개입하면 일전불사 하겠다는 의지를 다지고 있다. 또한 중국 랴이닝호는 우리 해양 안보에 영향을 미칠 것이다. 특히 해양패권 경쟁국인 일본과의 군비경쟁을 촉발시킬 것이 분명하다. 중국과 갈등을 빚고 있는 센카쿠열도(중국명 댜오위다오)를 지키고 해상교통로를 보호하기 위해 일본 역시 해군력 증강에 몰두하고 있다.

그 결과 한국의 해군력은 일본과의 격차가 더욱 커지고, 일본의 압도적 전력은 독도에 대한 무력 강점 시도로 이어질 개연성이 있다. 서해에서 남·북한의 무력충돌이 발생할 경우 중국해군의 직접 개입 가능성도 배제할 수 없다. 천안함 폭침 때 중국은 노골적으로 북한을 감싸고 한·미 연합훈련과 미 항모의 서해 진입을 적극 반대하며 해상시위 훈련을 하지 않았는가! 향후 서해상에서 무력 분쟁시 중국은 자국 안보를 이유로 항모를 앞세워 서해를 내해화(內海化)할 우려가 있다. 중국 항모가 서해에서 작전을 하게 되면 한반도는 그들의 작전반경 내에 들어 직접 영향권하에 놓이게 된다.

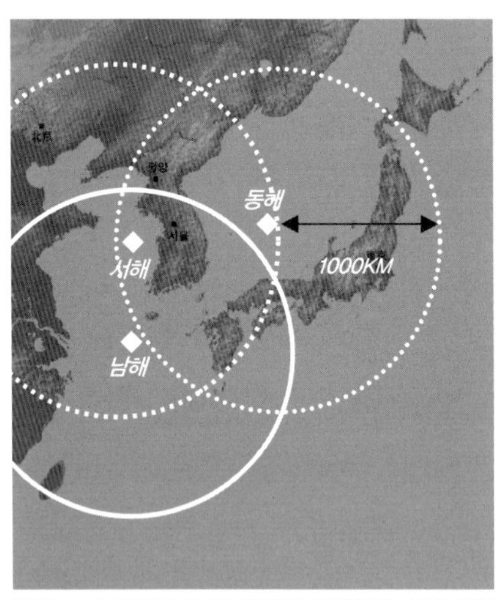

이지스 구축함의 작전반경(문무대왕함, 세종대왕함, 류성용함)

지금, 동아시아 해양패권을 향한 중국 항모의 거센 파도가 한반도로 몰려오고 있다. 한국이 중국 항모를 강 건너 불 보듯 한다면 해양에서 우리 안보는 사면초가에 직면하게 된다. 한미 '미사일 지침' 개정 협상과 관련, 일본과 중국은 한국의 탄도미사일 800km 능력 증강에 강하게 반대하고 있다. 중국과 일본은 이미 대륙간탄도미사일(ICBM) 능력을 보유할 정도의 미사일 강국이다. 중국의 DF-21C는 사거리가 2,500km이며 DF-31A는 1만km 이상 날아갈 수 있다. 일본은 언제

듣지 ICBM으로 전환할 수 있는 3단 고체로켓도 보유하고 있다. 최근 일본은 중국의 부상을 집단적 자위권 확보 등 군사력 증강의 빌미로 활용하고 있다. 34년 만에 원자력기본법을 개정하면서 '국가 안전보장에 기여'라는 문구를 추가해 핵개발 가능성까지 열어놓았다.

이처럼 동북아 정세가 급변하는 상황에서 우리 한국은 어떠한가? 우선 국가 안보력(安保力)이 소홀하다. 우리에게 지금 절실한 것은 중국과 일본 사이에서 캐스팅보트를 쥐고 활용하는 일이다. 중국이 한국에 손을 내미는 정황은 곳곳에서 감지된다. 하지만 중재자 역할도 힘이 있어야 가능한 것이다. 일본이 핵무장을 하면 북한과 러시아를 포함한 동북아에서 한국만 무핵국(無核國)으로 남아있게 된다. 이 기회에 우리가 얻을 수 있는 것이 있을 수 있음을 전략가들은 깨달아야 할 것이다.

기회는 변화와 혼돈 속에서 만들어진다. 새로운 질서가 정착된 이후에는 기회를 찾기가 쉽지 않다. 청나라 말기, 북양함대에 쓸 은자(銀子) 2000만 냥을 서태후의 개인 별장이자 인공호수인 쿤밍호(昆明湖) 조성에 쏟아 부은 뒤 굴종의 길을 걸었던 중국이 과거의 영광을 다시 찾기까지 얼마나 긴 시간이 필요했는지 다시 말할 필요조차 없다. 우리는 적어도 우리 해역 내에서 해상교통로를 보호할 수 있도록 기동성 있는 해군력 보강을 서두르지 않으면 안 된다. 그 중심에 제주해군기지 계획이 있다. 그것은 주변국 해군력 팽창에 대비하는 최상의 균형함대를 확보하는 일이다.

이를 위한 최적의 수단은 이지스함 확충, 잠수함 확충, 그리고 이 두 함대의 기지를 제주에 두는 일이다. 이지스함은 해상 기동 부대의 지휘함 역할뿐만 아니라 SPY-1D 레이더와 각종 미사일, 기관포로 중무장해 강력한 대공 능력도 보유하고 있다. 360도를 감시하는 이지스 레이더는 1,000km 떨어진 1,000여 개의 대공 표적을 동시에 탐지 추적하고, 이 가운데 20여 개를 동시에 공격할 수 있다. 광역 대공(對空) 방어와 지상 작전 지원, 유도탄 자동 추적 능력도 갖추고 있다.

증강이 요구되는 해군 잠수함

미국 해군은 '떠다니는 해상기지'까지 마련했다. 미국은 이란군의 호르무즈해협 봉쇄 시도 등을 막기 위해 페르시아만의 병력 증원 차 파견한 '부유식(浮遊式) 해상기지'까지 바레인 앞바다에 건설했다. 이번에 투입된 부유식 해상기지는 16,000 톤급 상륙수송함 USS 폰스호를 개조한 것이다. 미 해군이 20년 전부터 연구해 온 부유식 해상기지는 기지가 없는 지역에 배치돼 넓은 해양 군사작전을 지원하는 새로운 개념의 해상기지다. 동맹국 영토 내에 설치된 지상기지는 작전 수행 시 해당국의 양해 등을 얻어야 하지만, 부유식 해상기지는 공해상에 떠있어 이런 제약이 없다. 또 순시와 이동을 해야 하는 군함에 비해 한곳에 장기 체류가 가능해 특수 작전에 유리하다.

4. 얽혀 있는 한·중·러·일의 안보

(1) 위험이 고조되는 해양영토 전쟁

오늘날 도서 영토를 두고 특히 '한국 · 중국 · 일본'의 대결 구도는 세계적인 관심거리가 되고 있다. 일본은 독도와 센카쿠열도(중국명 댜오위다오) 이외에 쿠릴열도(일본명 북방영토)를 둘러싼 러시아와의 영유권 다툼으로 한 · 중 · 러 3국과의 대치 상황을 맞고 있다. 동북아에서의 영토 분쟁은 수십 년 간 지속돼 온 해묵은 이슈다. 그러나 올해는 이들 3개국이 동시에 일본을 공격하고 있는 꼴이 되었다. 세 나라와 일본의 유례없는 대결 구도를 부추긴 것은 일본 자신이다. 중국과는 센카쿠열도 섬들을 매입, 국유화하겠다는 노다 일본 총리의 발표에 중국과 대만이 크게 반발하면서 대만, 홍콩 등 범 중국권과 일촉즉발의 대립 사태로 이어졌다.

드미트리 메드베데프 러시아 총리의 쿠릴열도 방문을 두고서도 역시 일본이 관계를 악화시켰다. 일본은 쿠릴열도 개발 계획 진행 등 실효적 지배를 강화하는 러시아에 강력히 반발했지만 러시아는 '영토순방'이라며 일축했다. 일본 내각은 한국의 독도와 러시아의 쿠릴열도를 자국의 고유영토(固有領土)로 표기한 방위백서를 그대로 승인하면서 한국과 러시아의 강한 반발을 샀다. 이는 이명박 대통령의 독도 방문과 일왕(日王)에 대한 사과요구, 러시아 함대의 쿠릴열도 파견 발표 등으로 이어졌다. 동북아 다자갈등의 기폭제는 해양영유권 분쟁이지만 과거사에 대한 반성 없는 일본의 태도 역시 갈등 구도를 고착화시키는 데 일조하고 있다.

한국 · 중국 · 러시아 3국 대 일본의 대결 구도는 앞으로 쉽게 수그러들지 않을 것으로 보인다. 러시아 태평양함대 전함의 쿠릴열도 파견은 동북아 해역에서 또 다른 갈등으로 번질 가능성이 높다. 여기에 최근 수년 간 정치적 · 사회적 입지를 강화하고 있는 일본의 보수 우익 세력 때문에 일본과 인접한 3개국의 대결 구도는 한동안 불가피할 것이라고 전망된다.

영국 BBC 방송은 동중국해 등에서 벌어지고 있는 도서 영유권 싸움은 기본적으로 석유와 가스 개발주도권을 위한 것이 때문에 결코 쉽게 해결되지 않을 것으로 내다봤다. 특히 독도와 센카쿠열도(댜오위다오)의 영유권을 놓고 한 · 일 간, 또 중 · 일 간의 민족감정이 악화일로를 걸으면서 중국의 '해양굴기' 기세가 더욱 거칠어질 것이라는 전망도 했다.

지난 19세기 말 조선은 일본과 서구 해양강국의 다툼 속에서 국제정세를 제대로 읽지 못하고 갈팡질팡하다 나라를 빼앗기는 치욕을 겪었다. 당시 『조선책략』(朝鮮策略)을 써 그것이 조선의 살길이라고 훈수한 사람은 청나라 외교관 황준헌(黃遵憲)이었다. 그로부터 100여 년이 흐른 오늘날 세계 경제 10위권 국가로 급성장한 한국은 새로운 시각으로 한국책략(韓國策略)을 모색해야 할 때다.

'신(新) 한국책략', 그것은 어떤 것이어야 할까? 그것은 21세기 해양신안보책략(海洋新安保策略)이다. 현재 한국은 우경화하는 일본과는 독도 분쟁을, 민족주의화하는 중국과는 이어도를 사이에 두고 갈등하고 있다. 대응책은 무엇인가? 일본과 중국 양국의 분쟁 전략과 행태, 수단과 전술의 강·약점을 면밀히 분석하여 이에 대비해야 한다. 독도나 이어도를 실질적으로 지배하고 있는 한국은 국제분쟁화하려는 일본과 중국의 전략에 말려들어서는 안 된다. 특히 이어도 분쟁은 개별적 영토 갈등이 아닌 미국과 중국 간 세력 경쟁의 거시적 흐름에서 이해해야 하며, 우리의 대외정책과 통일정책의 큰 틀에서 접근할 필요가 있다. 이와 아울러 서슴없이 실탄 훈련까지 실시하는 중국과 일본이 우리 항로를 쉽사리 넘보지 못하도록, '군사적 고슴도치화' 무장을 반드시 해야 한다.

바야흐로 시세(時勢)는 동양(東洋)을 향해 기울어지고 있다. 특히 한·중·일 3국의 위협과 위세는 경제는 물론 정치·군사·문화 면에서도 EU에 비할 바가 아니고 미국과 러시아마저 넘어선다. 중국은 미국과 자웅을 겨룰 듯한 기세로 나서고 있고 일본 역시 침체됐다고는 하나 그 저력을 무시하지 못한다. 한국은 지난 60여 년간 바닥을 치고 일어서 세계 10위권의 경제대국으로 부상할 만큼 괄목할 발전을 이룩했다. 이 변화하는 지형 위에서 한·중·일 3국이 어디로, 어떻게 향할지 귀추가 주목되는 대목이다.

동중국해와 남중국해 항로(Sea lane)에 문제가 생기면 사실 한국뿐 아니라 일본도 중국도 모두 타격을 받는다. 그런데 현재 이 항로를 둘러싼 기존의 역학 관계를 바꾸려는 쪽이 중국인만큼, 이 문제에 관해서는 중국을 제외한 이 지역 국가들인 한국, 일본, 필리핀, 베트남 등의 눈길이 중국에 쏠려 있다. 필요할 경우 중국이 동북아의 안정과 평화를 깨뜨리는 엉뚱한 길로 가지 않도록 이들 국가들이 안보차원에서 협력을 할 필요도 있다는 논리다. 그런데 일본이 동아시아에서 그러한 '관계 평화' 세력의 중심에 있는지, 그러한 자질이 있는 나라인지 의문이다. 결론적으로 우리 한국은 어떻게 할 것인가?

이제 그들이 지금까지 한국을 깔보고 업신여기던 과거의 생각을 버리지 않을 수 없도록 우리의 힘을 갖춰야 한다. 한국은 자신을 스스로 방어할 힘과 지혜를 쌓아왔다는 것을 실질적으로 보여주어야 한다. 우리는 지금 이 시점이 대단히 위험한 비상의 시국임을 깨닫고 독도와 이어도를 보호할 수 있는 기동함대 건설부터 서둘러야 한다. 이지스함, 구축함, 대형 상륙함 등을 추가 건조가 절실하다. 우리나라는 중국과 일본에 비해 적은 국방비로 해군력을 건설해야 하는 한계를 안고 있어 그들과 똑같은 수준의 해군력 건설은 불가능하겠지만, 유사시 상대국에 상당한 타격을 가할 수 있는 능력만은 반드시 갖춰야 한다.

해군의 이지스함 세종대왕함

작금의 한·중·일 관계는 크고 작은 긴장과 다툼 속에 있다. 하지만 역사의 큰 눈으로 보면 결국 평화와 공존의 흐름을 타게 될 것이다. 그것이 서로에게 이익임을 알게 될 것이기 때문이다. 아울러 미래에 나타날 동북아연합 내지 블록에서 한국이 분명하게 살아남고 주도적 위치에 서려면 신라의 해상왕 장보고, 블레셋 같은 왜구(倭寇)를 물리친 이성계, 그리고 무엇보다 임진왜란을 승리로 이끈 이순신 장군의 기백을 되찾는 것이 그 시발이 될 것이다.

(2) 중국과 일본의 대결, 그리고 한국

중국의 국력이 부상한 결과 해군력 · 공군력의 증강이 이루어지면서 센카쿠열도를 둘러싼 중 · 일 간의 무력 충돌 가능성은 한층 높아질 수 있다. 이어 2020년경이면 중국 해군의 영향권이 괌–사이판–팔라우 군도를 잇는 이른바 제2 도련(섬과 섬을 잇는 쇠사슬)으로 확대될 것이 예상된다. 2025년경에는 중국의 경제력이 미국을 추월할 것이라는 예측도 있다. 이런 이유 등으로 동지나해에서 중 · 일 간의 분쟁이 발생할 경우 미국은 개입할 가능성이 크다. 특히 오늘날 중국 해군의 전략은 과거에 비해 한층 적극적인 전략으로 바뀌었다. 적극적인 전략은 곧 양보 없는 대립으로 비화되기 쉽다. G2 경제대국으로 자신감을 얻으면서 중화민족주의가 부상하고 있는 것이다.

중국은 2025년까지를 중화민족의 대부흥기로 선언한 상태다. 과거 청나라 시절인 1820년대에 중국은 세계 GDP(국내총생산)의 32%를 차지한 적이 있는데 과거의 그런 영광을 재현하겠다는 것이다. 지금 중국군의 전력은 일본과 비교하여 잠수함 65:16, 호위함 52:8, 전투기 1,400:360 (이상 2010년 기준) 등 대부분의 해 · 공군력에서 우선 수적(數的)으로 일본을 압도하고 있다. 중국이 지상군대국(地上軍大國)에서 해양 패권국으로 팽창을 시도하고 있는 증거다. 2025년이면 2개 항모 전단도 배치할 것으로 전망된다.

일본은 그동안 방위청을 방위성으로 승격하고 자위대가 본격적인 군대 역할을 할 수 있도록 하는 노력을 해왔지만 이번 사태에 자극을 받아 앞으로 미국과의 미사일 방어(MD), 첨단 지휘통제 시스템, 5세대 스텔스기 F-35 도입 등을 통해 중국보다 해공군력의 질적 우위를 계속 유지하려 할 것이다. 실제로 일본은 언제든지 사거리 1만km, 탄두 중량 2,000kg의 ICBM으로 전환할 수 있는 3단 고체로켓 기술을 갖고 있다.

중 · 일 강국에 둘러싸인 한국은 "한국의 손발을 묶어두어야 동북아에 평화가 온다."는 미국의 편파적인 입장에 꽁꽁 묶여있다. 무엇보다도 미국은 전범국인 일본에도 허용한 고체로켓을 한국이 개발하면 ICBM으로 전용할 가능성이 있다고 우기며 저지하고 있다. 그 이유는 주변국을 자극할 우려가 있다는 것이다. 핵과 미사일로 무장한 중국과 아시아 제2의 군사대국인 일본이 군비증강 경쟁을 넘어 센카쿠 영유권을 놓고 무력으로 대치하는 위험천만한 동북아 안보 구조가 진행되는 가운데 한국만 무방비 상태로 있는 것이다.

한 · 미상호방위조약에도 불구하고 미국이 생각하는 군사적 정의(正義)가 그러한 것이라면 이는 대한민국 생존권에 위협이 될 수 있다. 최근 한국의 미사일 개발을 제한해 온 한 · 미 미사일 지침 개정을 논의하는 양국 간 협상에서 기존 300km인 탄도미사일 사거리(射距離)를 800km로 늘리는 정도로 협상을 마무리했지만 800km이면 겨우 북한 지역을 포함한 영토방어 수준이다.

이미 핵탄두를 보유한 북한은 사거리 1,300km의 노동미사일에 이어 최근 사거리 3,000~4,000km의 신형 중거리 무수단 미사일(탄두 중량 650kg)을 실전 배치했고, 미국 알래스카까지 사정권에 들어가는 사거리 6,000km의 대포동 미사일(탄두 중량 1,000kg)도 개발 중이다. 이처럼 중·일의 무력 증강은 물론이고 북한의 미사일 위협이 상존하는 상황에서 우리는 전략기지로 활용할 수 있는 잠수함을 개발하는 등 각별한 자세로 대처하지 않으면 안 된다.

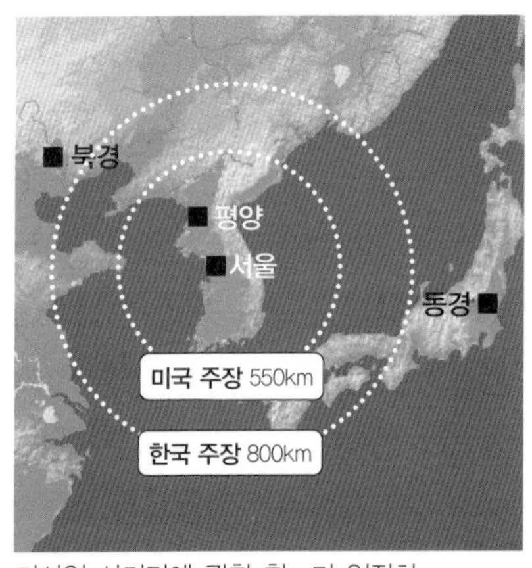

미사일 사거리에 관한 한·미 입장차

손자병법(孫子兵法)에 의하면 시간(time), 공간(space), 속도(speed)를 전략의 3요소라고 한다. 상대방이 전혀 예상하지 못한 시간에 출격하라(出其不意), 상대방이 전혀 준비하지 못한 곳으로 공격하라(攻激無備), 상대방이 예상치 못한 빠른 스피드로 싸워라(兵者貴速)는 것이다. 예를 들면 23번 싸워 23번 모두 승리를 이끌어 낸 이순신 장군은 이런 '수(手)싸움'의 명장이었다. 함선의 수는 비록 적의 10분의 1도 안 됐고 게다가 후방의 지원은 열악했고, 군량미는 바닥이 났다. 그러나 이순신 장군은 누구도 따라올 수 없는 탁월한 전략을 구사했다. 누구도 예상치 못한 시간을 찾아냈고, 누구도 예상치 못한 공간을 만들었으며, 누구도 따라올 수 없는 스피드로 왜군을 섬멸했다. 절박한 상황에 처한 오늘의 우리에게 이순신 장군의 전략과 정신은 깊이 되새기고 따라야 할 교훈이다. 그렇지 못한다면 우리가 중국과 일본의 막강한 군사력을 이겨낼 수 없음을 명심해야 한다.

(3) 국제사회의 합종연횡(合從連橫)

독도를 둘러싸고 갈등을 빚고 있는 한국과 일본은 2012년 9월 8일 러시아 블라디보스토크에서 열린 아시아·태평양경제협력체(APEC) 정상회의를 계기로 휴전 메시지가 오갔다. 한국이 독도 방어 훈련을 할 때 해병대의 독도 입도(入島) 훈련을 취소하는 등 독도 문제로 인해 한·일 관계가 더 악화되는 것을 막기 위한 노력을 취했고, 일본의 노다 총리도 APEC 회의 중 자제의 제스처를 취한 바 있다.

그러나 그것도 잠시, 일본은 외환위기시 서로 유동성을 보장해 주는 통화스와프의 즉시 중단, 독도 문제의 국제사법재판소(ICJ) 단독 제소, 고위급 교류 중단 등을 거론했다. 한국 대통령의 독도 방문으로 한국이 영토주권을 확실히 하자 일본은 한국을 망하게 하는 법을 쏟아 낸 바 있다. 한일 통화 스와프를 전면 철회하고 전자 자동차 등 부품 수출을 중단해 본때를 보여야 한다는 등의 주장도 했었다.

일본은 남지나해 센카쿠 열도 문제로 중국에 당하고, 쿠릴열도에 대한 러시아 대통령의 방문으로 러시아에 치인 화풀이를 한국에 하려 했다. 그러나 그것은 졸렬한 전략이다. 오늘의 일본이 유념할 점은 과거 역사에 대한 냉철한 인식과 반성 없이 진행되는 아전인수식의 고집이 일본의 장래에 과연 바람직할 것인가 하는 점이다. 특히 일본 정치권에서 전후세대의 등장은 이런 위험성을 더 크게 하고 있다.

민족주의 색채가 강한 40, 50대 전후세대가 정치 전면에 등장하면서 과거사 족쇄를 벗어던지려는 분위기가 강해지고 있는 것은 일본을 점점 더 약화시키는 결과만 낳을 것이다. 아베 신조(安倍晋三) 전 총리 등, 제국주의 일본을 주도했던 세력의 후손들은 "일본은 단지 미국과의 전쟁에서 졌을 뿐 특히 한국에 부채가 없다"는 인식이 강하다. 이런 기류는 안팎으로 피해의식이 커지는 일본 국민의 불안감과 결합해 한 · 일 관계를 새롭게 더욱 긴장 국면으로 몰아가고 있다. 한국이 과거사로 압박하면 일본이 물러서는 시늉이라도 하던 시대는 끝나 가고 있는 것이다.

그렇다면 앞으로 일본과 어떤 관계 맺기를 해야 할 것인가. 한국의 대일 정책은 지금 도전 받고 있는 중이다. 지미 카터 전 미국 대통령의 국가안보 보좌관이었으며 저명한 국제정치학자인 즈비그뉴 브레진스키 교수는 "미국이 쇠퇴하면서 야기될 세계패권의 질서 변화로 지정학적 위험에 빠질 가장 대표적인 나라가 한국"이라고 하였다. 즉 한국은 첫째, 지역적 패권을 받아들여 중국에 종속해서 사는 방안과 둘째, 역사적 반감에도 불구하고 일본과의 관계를 더 강화하는 방안, 마지막으로 핵무장을 포함해 스스로의 힘으로 생존을 강구하는 방안 등 세 가지 어려운 전략적 선택에 당면하고 있다는 것이다.

한국의 동맹국 미국은 거리상으로 한국과 멀리 떨어져 있다. 이 때문에 미국은 '전략적 이익'에 따라 한국을 대하게 되고 지리적으로 아주 가까운 곳에 있는 중국은 항상 한국에 대해서 '영토적 이익'을 우선시하는 이웃이 된다. 중국이 강해지면서 역설적으로 중국은 우리에게 피곤한 상대가 되고 있다. 중국이 미국보다 강압적, 공격적이기 때문이라기보다 우리와 지리적으로 인접해 있다는 지정학적 요인 때문이다.

따라서 힘이 상대적으로 약한 우리가 중국과 상호거래를 할 때 우리는 중국에 종속될 가능성이 대단히 높다고 말할 수도 있다. 이 같은 지정학적 위치에 있는 우리나라는 한 · 미동맹이나 한 · 일 협력관계가 최선의 선택이면서도, 동시에 일본과의 안보협력을 강화하는 전략적 선택이 가장 바람직하다는 논리도 일각에서 나오고 있는 것이다.

사실 오늘날 중국은 미묘한 법칙의 심리에 쌓여 있다. 힘이 커지면 이익을 더 크게 정하기 마련다. 종전에는 타협의 여지가 있다고 생각하던 사안에 대해서도 힘이 커지게 되자 타협의 여지가 없다고 생각하고, 타협을 하더라도 타협점을 전보다 높게 잡고 완력을 부린다. 그러나 가진 것이 많으면 두려움도 커진다. 중국은 미국의 행동이 전에 없이 중국의 성장을 시샘하여 해코지 하려는 것처럼 보고 있다. 인정(認定)에 대한 중국의 욕구도 문제다. 외교력이란 가진 자의 원(願)만이 아니라 그에 대한 남들의 인정이 있어야 하는 것이다. 중국은 그 인정을 받고자 완력을 부리고 있는 것이다.

주변국 특히 한국은 어떻게 할 것인가? 힘의 생리와 국제정치의 논리를 이해하고 중국과 소통을 강화해서 불필요한 불신과 오해를 불식해야 한다. 물론 말은 쉽지만 실천은 어렵다. 그것을 실천에 옮기려면 고도의 전략적 식견과 외교적 능력이 요구된다. 한국은 북한을 포함한 주변국과 좋은 관계를 맺은 뒤 해양과 대륙세력 사이에서 교량(다리) 국가 역할을 할 수도 있다. 중국이 굴기(崛起)하는 상황에서 한·미동맹을 강화하자는 의견과 중국에 붙자는 견해, 우리도 핵을 보유하자는 주장까지 나오지만 사실은 모두 좋은 방법이 아니다. 중·일 관계와 한·일 관계는 앞으로 우여곡절을 겪으면서 새로운 도전을 받으며 새로운 해법을 요구할 것이다. 결론적으로 3국은 새로운 사고와 개념, 방법으로 어려움을 극복해야 한다.

점차 중국이 두려워지는 오늘의 상황에서 우리가 택할 수 있는 현실적인 방법은 친미(親美) 또는 친중(親中)의 선택보다 용미(用美) 용중(用中)으로 먼저 일본을 견제해야 한다는 이야기다. 전략이란 다가올지도 모를 불리한 상황에 대비하는 것이다. 일본과의 화해나 중국과 협력이 정녕 불가능하다면 우리는 핵무장을 포함해 군사적 수단을 대폭 강화하는 방법을 모색해야 한다. 한국은 그럴 능력(경제력)이 있다.

5. 해양경비

(1) 어로해역(漁撈海域)의 법질서 경비

영해에서는 민간선박에 대해 법질서에 의거한 단속도 국가안보 사항에 속한다. 밀무역, 밀출입국 단속, 불법어업 단속, 그리고 해난 구조, 안전항행 등의 업무를 수행하는 해상 경찰업무는 그만큼 막중하다. 미국의 'USCG'(U.S Coast Guard)와 영국의 'H.M. Coastguard'(Her Majesty's Coastguard)는 전형적인 해양경찰이다.

미국 해양경찰은 당초 밀무역의 단속과 관세 징세 해상부대(revenue marine)임무로 창설되었으나 그 후 1915년 해난구조 업무도 담당하면서 해안경비대라는 명칭으로 정식 발족하였다. 그들이 보유하고 있는 경비정은 배수량 2,000~3,000톤에 5인치 포와 헬리콥터 2대까지 탑재하고 있는 중무장의 고속정도 포함되어 있으며, 심지어 다양한 비행기와 이지스함 2척도 해양경비대에 속해 있다. 영해 및 EEZ 침입자들에 대비하고 해양 방어를 위해 강력한 격퇴 체제를 갖추고 있는 것이다. 미국의 해양경비대는 유사시 해군에 편입되어 경찰이 아닌 군대로서 역할을 하게 되어 있다.

영국의 해안경찰은 해안의 경비와 밀무역 단속 목적으로 1856년에 해군 소속으로 발족한 후 1935년에 운수 · 민간 항공성으로 이관

되어 오늘에 이르고 있다. 우리 해양경찰은 대한민국의 바다를 지키는 파수꾼으로서 국가 주권수호의 안보활동, 해양경비, 불법어업 외국어선 단속, 인명 및 조난선박 구조, 해수욕장 안전관리, 해양범죄 수사 및 해양오염방제 등의 임무를 수행하고 있다.

유엔해양법협약 발효 후 세계적으로 해양에 대한 관심이 높아지면서 최근 들어 해양에 대한 경쟁이 갈수록 심화되고 있다. 특히 우리나라의 경우 삼면이 바다로 둘러싸여 있기 때문에 해양영토 보존이나 해양자원 개발과 관련하여 평시에도 주변국과 이해관계가 첨예하게 대립하고 있다. 이와 같은 상황에서 해양주권을 수호하고 해양자원을 보호하기 위한 해양경비 임무를 짊어진 해양경찰의 역할과 기능의 중요성이 크게 부각되고 있다. 우리나라 해양경찰은 서해 북방한계선 NLL(Northern Limit Line) 근해와 독도에 인접한 특정 해역에 경비함정을 전진 배치하고 있다. 해군 함정의 지원 하에 접적해역(接敵海域) 중심으로 우발사태에 대비하고 있고, 어로한계 이남에서 우리 어선의 안전보호와 중국 어선의 불법조업을 차단한다.

서해 해역에서는 우리 어선이 일일 평균 200여 척 조업하고 있다. 중국어선은 NLL 근해를 따라 일일 평균 57척이 조업하며 성어기에는 일일 평균 282척까지 몰려온다. 이들의 평화적인 활동 유지는 군사대치를 유지하는 것 이상으로 중요하다 그래서 해군은 서해 5도와 육지를 왕복하는 여객선, 화물선, 어물운반선, 어선에 대한 경비함의 근접 호송과 레이더 감시를 통해 24시간 안전을 꾀하고 있다.

특히 중국 불법어선은 흉기를 소유하고 심지어 무장까지 하고 NLL 우리 수역으로 넘어와서 조업하고 연평도의 황금어장을 쓸어간다. 불법 저인망조업으로 한국 해역의 해저 바닥을 그물로 긁어서 치어(稚魚)까지 잡아간다. 성어기에는 수심이 얕아 우리 고속정이 접근할 수 없는 우도 근해까지 진입한다. 지난 날 온 국민의 애도와 분노 속에 천안함 구조작업을 하던 기간 중에도 백령도 앞바다에서는 중국 어선이 불법 조업이 있었다. 한국의 서해는 연중 하루 평균 중국어선 300여 척 이상이 조업하고, 최근 3년 동안 해양경찰이 230여 척의 불법 조업을 적발할 정도로 중국어선의 불법 행위 중심 해역이다.

우리는 한중어업협정에 따라 우리 EEZ 내에서 연간 1,762척의 중국 어선에 대해 65,000톤 분량의 어획을 허가하고 있다. 그러나 불법조업 어선의 수는 연간 20만 척이 넘는다. 중국 어선은 선체에 4m 높이로 철판을 두르고 하단에는 쇠꼬챙이로 중무장을 하기도 한다. 출항할 때부터 한국 EEZ에서 불법조업을 하다가 해경과 맞닥뜨리면 일전을 불사하겠다는 고의성이 있었음이 분명하다. 2008년부터 올해 10월까지 나포된 중국 어선만 2,032척에 이른다. 38명의 해경대원이 단속 과정에서 다치고 2명이 순직했다.

국간 간의 관계도 우발적으로 발생한 사건 탓에 틀어질 수 있다. 바다의 무법자 '해적'으로 돌변하는 중국 어선들의 불법조업 문제를 하루아침에 해결하기는 쉽지 않아 보인다. 중국정부가 자체 단속을 강화하겠다고 약속한 뒤에도 불법조업은 끊이지 않고 있다. 우리 정치인들은 여야를 떠나, 좌우를 떠나 21세기는 해양

투쟁 시대임을 다시 깨닫고 이에 대한 준비와 실천을 해야 한다. 중국이 천안함 폭침사건 이후 서해를 사실상 자기네 내해(內海)로 여기는 것은 국가안보 차원에서 예사로 넘길 일이 아니다. 바로 한국 주권 안보 문제이기 때문이다.

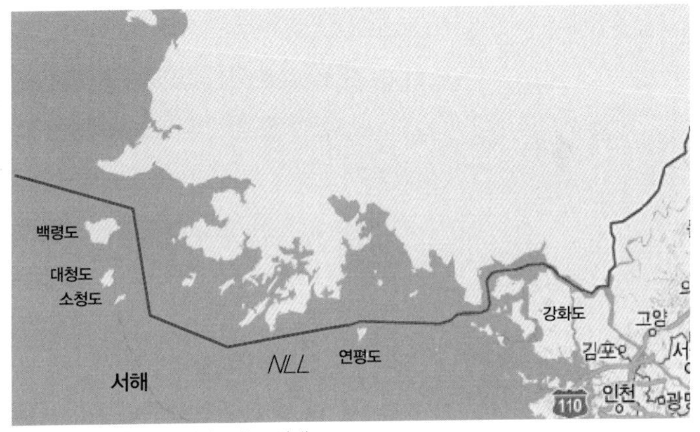

우리가 반드시 수호해야 하는 서해 NLL

차제에 우리 해경의 수준을 미국의 해양경비대에 준하는 강력한 체제로 상향시킬 논의가 필요하다. 현재 1,000톤 미만이 대부분인 해경의 낡고 노후한 경비함들을 현대화시켜 대응능력을 제고시켜야 한다. 대양해군(大洋海軍)에 앞서서 영해와 연안이라도 확실히 방어해야 하는 것 아닌가?

각설하고 오늘날 우리 한국은 남한 육지 면적(99,000㎢)의 4.5배에 달하는 443,000㎢의 해양관할권을 가지고 있으며 거기에 3,170개의 도서 11,914 km에 달하는 긴 해안선을 보유하고 있다.

연간 100조 원으로 추정되는 풍부한 어장 등 해양생태계 생산력을 보유하고 있으며, 해양에너지, 광물자원도 개발 잠재력은 세계적이다. 서해의 조력 에너지 부존량은 약 650만kw, 전 연안의 파력(波力)에너지는 550만kw, 울돌목 등의 조류 에너지는 50~100만kw로 추정된다. 독도 주변 해역에는 미래 에너지로 불리는 메탄하이드레이트가 대량 매장(150조 원 규모)되어있다. 이를 지켜야 되는 것이 오늘 해양경찰의 책무이다. 우리 한국은 북한 도발도 경계해야 하지만 바로 우리의 영해에서 해양자원을 노린 거대한 투쟁이 예상됨을 예지하고 이 해양경비 안보에 만전을 기해야 한다.

(2) 북방한계선(NLL) 방어 경비

남북 휴전협상 의제 가운데 군사분계선 협상에서 유엔군 측과 공산 측은 그 기준을 38도선으로 할 것인지 당시 전선으로 할 것인지에 대해 논란이 있었다. 이때 공산측이 38선안(案)을 철회함으로써, 1951년 11월 하순 양측은 대치선을 군사분계선(軍事分界線)으로 한다는 원칙에 합의하였다. 이 당시 동서 해안의 해상경계선에 대해서는 남북한 사이에 명시적인 합의가 없었다. 이 때문에 유엔군 측에서는 서해상에서 당시 국제적으로 통용되고 있는 영해 기준 3해리를 고려하고 연평도 · 백령도 등 5개 도서와 북한 지역과 개략적인 중간선을 기준으로 북방한계선 NLL(Northern Limit Line)을 설정했다.

북한 측은 1973년 12월 제346차와 제347차 군사정전위원회 본회의에서 구 황해도와 경기도 경계선 이북 수역은 그들의 연해(沿海)라고 주장하면서 서해 5개 도서에 출입하는 선박에 대한 사전 허가를 요구하기도 했다. 그들은 1977년 7월 1일 '200해리 경제수역'을 설정한 데 이어 8월에는 '해상경계선'으로 동해에서는 영해 기선으로 50마일을, 서해에서는 경제수역으로 한다고 일방적으로 선언했다.

남한에서는 북방한계선을 지난 60년 동안 남북한 사이의 해상경계선으로 준수하고 있다. NLL이 영토선 개념으로 확정되었고 국가방위의 작전 시행에 적용되고 있다. 그런데 북한에서는 휴전 후 북방한계선을 자주 침범하면서 이를 부인해오고 있다. 특히 서해상에서 매년 6월 꽃게잡이 철을 맞아 남과 북 사이에 서해상 영해 침범이라는 상호 엇갈린 주장과 군사적 경고와 행동이 주기적으로 반복되고 있다. NLL이 국가 안보상 차지하는 군사전략적 함의가 매우 크기 때문이다. 대한민국 국민이라면 모두 서해의 평화를 바랄 것이다. 그러나 그 평화는 인위적인 공동어로수역을 만든다고 오는 것이 아니다. 남북 관계가 개선되지 않고 군사적 신뢰가 구축되지 않는다면 오히려 충돌지역만 넓어질 뿐이다. 남북관계 개선이 급선무(急先務)다.

국민들은 항상 어떤 정치(집권) 세력이든지 간에 NLL을 반드시 수호해야 할 대북 해상경계선으로 인정하는지, 아니면 북한이 주장하듯 '유엔군이 일방적으로 그은 선'으로서 재협상 대상으로 보는지 주시하고 있다. 북한이 천안함 · 연평도 도발에 이어 최근 빈번히 NLL을 침범하는 배경에는 NLL을 무력화(無力化)하려는 일

관된 대남 전략이 숨어있음을 잊어서는 안 된다. 서해평화지대의 무분별한 추진은 북한에 NLL 무력화를 위한 호기(好機)를 제공해 줄 수 있다. 설사 북한의 NLL 인정을 전제로 서해평화지대(西海平和地帶)를 추진한다고 해도 대북 경계를 게을리 해서는 안 된다. 북한이 합의 내용을 실천하지 않은 경우가 많기 때문이다.

분명히 NLL은 최전방 대북 방위선이다. NLL이 무너지면 수도권이 무방비 상태로 노출되어 대한민국이 위태로워진다. 그만큼 국가 안보 차원에서 NLL의 전략적 가치는 크다. 북한이 10·4 선언을 방패삼아 NLL과 서해공동어로 문제에 임하는 속뜻을 면밀히 살펴야 한다.

6. 해양안보, 번영한국의 길 – 맺음말

(1) 역사적 증언

이사벨라 버드 비숍 여사는 영국 작가이자 지리학자로서 청일전쟁이 일어난 1894년부터 1897년 사이 네 차례 조선을 방문했다. 그리고 『한국과 그 이웃 나라들』(Korea and Her Neighbours)이라는 책을 썼다. 이 책은 미국에서 11판까지 찍었다.

> "…간난(艱難)에 견딜 줄 아는 강인하고 공손한 민족이 살고 있고, 풍요한 연안자원(沿岸資源)이 있는 잠재력이 있는 국가가 관공서의 부패와 부정으로 제대로 활용되지 않아…"

비숍은 이 책에서 한국의 실정에 대해서 시종일관 안타까워했다. 그리고 한국의 희망은 바다에, 그리고 가난에 견딜 수 있는 국민에 있음을 다음과 같이 말하였다. 비숍은 "바다를 가까이 하도록 자연으로부터 명령받은 한국인이 그 바다를 멀리함으로써, 즉 자연적 약속과 역사적 사명을 배신함으로써… 그 바다의 기억을 되살려 바다에 서는 나라로 고쳐 만들기 하는 일이야말로 영원한 건국 사업"이라고 단정하였다.

역사가인 최남선(崔南善)은 1954년 전란의 폐허 속에서 먹고 살기 힘든 시절, 그 현실을 딛고 멀리 바다를 바라보면서 다가오는 무역입국(貿易立國)과 해외개척(海外開拓) 시대를 바라보았다. 그리고 『한국해양사』(韓國海洋史)의 서문을 쓰면서 한국인은 해양화(海洋化)의 길을 걸어가야 국운을 개척할 수 있다며 다음과 같은 예언을 하였다.

"…바다를 안고, 바다에서 서고, 바다와 더불어서 장래를 개척함이야말로 태평양에 둘려 사는 우리들에게 금후의 영광스러운 임무이다. 일망무변(一望無邊)한 남방대양(南方大洋)을 향하여 불쑥 불쑥 내민 남안반도(南岸半島)의 무수한 팔뚝이 날날이 국민의기(國民意氣)의 발양(發揚)과 국가 경제의 배양상(培養上)에 보람 있게 활동함으로써 우리가 다시 한 번 우리 역사를 변모시켜서 우리 민족의 총명과 용감함을 나타내어야 할 것이다. 누가 한국을 구원할 자이냐. 한국을 바다에 우뚝 서는 나라로 만드는 자(者)가 바로 구원자일 것이다. 어떻게 한국을 구원하겠느냐. 하루 빨리 한국을 바다에 서는 나라로 고쳐 만드는 것이 급선무이다…"

개방되고 국제화(오늘의 세계화)된 방향으로 나라를 개조해 가는 것, 그 일이 나라를 구원하는 길이라는 최남선의 이 선각(先覺)은 오늘도 유효하다. 그는 마지막에 "넓고 넓은 바다의 장단에 맞추어 추는 한민족의 춤!"이라고 썼다. 얼마나 장대(壯大)한 비전(Vision)인가!

불확실한 미래를 예견하는 데는 과거와 현재에 대한 철저한 조사와 분석이 선행되어야 한다. 비숍의 통찰적인 조사와 분석, 최남선의 대예언(大豫言)인 해양화(海洋化)는 바로 그런 묵고(默考)끝에 나온 것이다.

독자 여러분들은 작가 버드 비숍 여사와 역사가 최남선의 충고와 같이 바다를 이겨내는 것이 곧 민족이 살 길임을 알아야 한다. 차제에 남해안에서 죽음으로 왜군에 맞서 싸워 이긴 이순신 장군을 거듭 상기해보시기 바란다. 우리 모두가 이순신의 후대임을 명심하자는 것이다.

러·일전쟁 중에 대마도 해협에서 러시아의 발틱함대를 대패시킨 일본 해군함대 사령관 도고 헤이하치로가 "나를 넬슨 제독에 비교하는 것은 몰라도 이순신장군에 비교하는 것은 황공한 일이다."라는 취지의 말을 했다는 것은 잘 알려져 있다. 그런데 잘 알려져 있지 않은 도고의 다음 말이 더 유명하다.

> "넬슨이나 나는 국가의 전폭적인 뒷받침을 받아 해양결전(海洋決戰)에 임했다. 그러나 이순신은 그런 지원 없이 홀로 고독하게 싸운 분이다"

이순신 장군은 무능한 왕조, 엉터리 전쟁 전략, 오지 않는 군수 지원, 이런 가운데서도 압도적으로 우세한 적(敵) 왜군을 상대해 승전한 사실을 그는 잘 알고 있었기에 그는 이순신 제독을 지극히 존경 흠모한다고 하였던 것이다. 이제 100년 전의 역사를 회상해 보자!

러·일전쟁에서 일본의 승리가 굳어갈 무렵 미국의 루즈벨트 대통령은 국무장관에게 이렇게 말한다.

> "조선은 자신을 지키기 위해 적(敵)을 주먹 한 대라도 날릴 능력이 없는 나라다. 자신을 위해 스스로 아무것도 할 수 없는 나라를 아무런 이익 없이 도울 나라는 없을 것이다."

러일전쟁 무렵 방한한 영국 기자 맥켄지와 조선 조정의 실력자인 탁지부 대신 이용익이 나누는 대화에 이런 대화가 나온다.

맥켄지: 조선이 멸망하지 않으려면 개혁(국방 등)을 해야 한다.

이용익: 미국 · 유럽 등과 조약을 맺고 있고 그들이 독립을 보장하고 있기 때문에 우리는 안전합니다.

맥켄지: 아니 모르시오? 힘으로 뒷받침되지 않는 조약은 아무런 소용도 없다는 걸! 당신들이 그 조약들을 지키도록 하려면 그만한 노력을 해야 할 것이오!

이용익: 우리는 우리가 중립이라는 걸 천명했고, 우리의 중립을 존중하라고 당부했소.

조선조정의 탁지부대신인 이용익의 허술한 이 대화가 왜 이렇게 서글픈가! 러일전쟁 때 일본 전쟁 비용의 60%는 영국의 로스차일드, 미국의 JP모간 같은 국제 금융자본이 일본이 발행한 전쟁 국채를 매입해서 지원한 것이었다. 미국, 영국 등 열강은 자국의 이익을 최우선으로 판을 짜고 있는데 조선의 위정자들은 이를 모르고 조약, 중립만 운운하면서 팔짱만 끼고 있었던 것이다.

청일전쟁 당시 일본군 전사자는 8,400명, 청군(淸軍) 전사자는 35,000명이었다. 그런데 당시 조선군 병력은 모두 합해 고작 4,000여 명에 지나지 않았다. 그마저도 대부분은 신식 무기가 아닌 재래식 무기를 들고 있는 허약한 군대였다. 왕비가 궁(宮) 안에서 일제에 사주받은 낭인에 의해 시해당하는 국난의 상황에서도 이를 되갚지 못하고, 임금인 고종은 쫓기듯 외국 공사관으로 내몰렸던 것이 당시 조선의 비통한 현실이었다.

루즈벨트 미국 대통령이 바로 본 것은 바로 그러한 조선의 허약한 모습이었다. 약자의 서글픔을 읽기보다는 강자의 우월함에 동조하는 당대 제국주의적 시각이 고스란히 담겨 있는 말이지만, 당시 우리나라 현실의 비참한 상황을 상기시키기엔 충분하다. 스스로 제나라를 방어할 물심(物心) 노력을 다하지 않는 자(국가)를 무얼 바라고 돕겠는가? 역사가 반복된다면 지금 우리가 처한 현실 역시 마찬가지다. 하늘은 스스로 돕는 자를 돕는다는 말이 있듯이, 우리를 지키는 부단한 노력이 있어야만 치욕의 역사는 반복되지 않는다.

(2) 한국의 현실

최근 중국이 항공모함 랴오닝호를 서둘러 실전(實戰) 배치한 것은 댜오위다오(센카쿠열도)를 둘러싼 일본과의 분쟁을 의식한 조치로 보이지만, 칭다오를 모항(母港)으로 삼고 있어 이어도 해역을 포함한 우리 서해(西海) 전체도 그 작전 반경 안에 들어가는 점을 주시해야 한다. 일본이 독도를 겨냥해 비슷한 시도를 해올 위험도 있다. 우리 국민은 독도 이어도 등 우리 영토에 대한 일본과 중국의 도전을 겪으면서, 댜오위다오를 둘러싼 중 · 일의 무장(武裝) 대치를 참고하면서 역사를 상기해야 한다.

오늘날 동중국해 3국 간 영유권과 경계 획정을 둘러싼 분쟁은 100여 년 전 동북아 세력다툼을 되돌려 놓은 듯하다. 센카쿠열도 영유권 분쟁은 1911년 신해혁명 후 일제의 침략과 반식민지 상태에서 신음하던 중국이 개혁개방 후 도광양회(韜光養晦 · 어둠 속에서 힘을 길러 때를 기다린다)와 화평굴기(和平崛起 · 평화롭게 국제사회 대국으로 부상한다)를 거쳐 유소작위(有所作爲 · 적극적으로 참여해 하고 싶은 대로 한다)로 대전환함으로써, 지난날의 치욕을 되갚으려고 완력을 과시하는 측면이 있다.

미국 또한 중국의 팽창에 대한 견제세력으로서 '아시아 회귀'를 선언하고 있어 한반도를 둘러싼 동북아의 갈등 고조는 심상치 않다. 우리는 역사상 항상 강대국 사이에 끼여 그들의 역학관계에 따라 국가운명이 좌지우지된 쓰라린 경험을 갖고 있다. 임진왜란과 병자호란, 청 · 일전쟁, 러 · 일 전쟁과 6 · 25 남침전쟁도 우리 의사와 관계없이 한반도에서 치러졌다. 1,000여 년간 대륙과 해양 강대국들의 역작용에 따른 고질적인 대분단선(大分斷線)이 지금까지 한반도에 걸쳐 있다는 것을 깊이 성찰 할 때다.

오늘날 한 · 중 · 일 세 나라가 근대 일본의 아시아 침략 역사를 배경에 두고 으르렁거리는 소리는 쉽게 잦아들 것 같지 않다. 유엔총회 참석차 뉴욕에 간 노다 일본 총리는 센카쿠 국유화에 대해 "타협할 생각이 없다"고 말했고, 이에 대해 중국(인민일보)은 "더러운 외교정책에 열중하는 일본 정객들"이라는 표현까지 썼다. 물론 세 나라의 지성(知性)이 극단의 길은 피하려고 노력은 할 것이지만, 솔직히 이 노력의 과정(협상, 조정 등)에서 국가의 힘(특히 해군력)이 절대로 요구되는 것이다.

강한 군사력은 국가적 외교와 정책을 수행할 수 있는 좋은 도구다. 중국과 일본의 해군력은 대한민국의 4, 5배다. 중국과 일본

해군이 모두 항모(航母)를 보유하게 되어 우리와의 해군력 격차는 더욱 커졌다. 우리도 항공모함을 가져야 한다. 항모는 바다에 떠다니는 비행장이다. 항모 보유는 강력한 군사력 투사(投射) 거리를 늘릴 수 있으므로 독도와 이어도는 물론이고 EEZ, 기타 원거리 분쟁 해역에서 강력한 해양 통제권을 행사할 수 있다. 국가의 자존심과 외교력을 높여 국가 위상을 제고시키고 해외 국민과 자산을 보호하며, 해상 테러 방지 등 세계 평화에도 기여할 수 있다.

우리는 항모를 보유할 능력, 기술이 있다. 우리보다 못하는 인도, 브라질, 스페인, 태국도 항모를 갖고 있다. 3만~4만 톤 규모의 한국형 항모의 건조 예산은 대략 2조~3조 원이다. 한국형 항모는(3만~4만 톤급) 유지비는 연간 500억 원 정도다.

『정의란 무엇인가』의 저자 미국 하버드대 마이클 샌델(Michael Sandel) 교수는 "군대는 공동선을 위한 희생의 마지막 보고(寶庫)다. 우리는 모두가 공유해야 할 시민이상주의(市民理想主義)와 애국심의 결연한 표현을 군대에 맡겨 왔다."고 말했다. 뉴욕타임스의 칼럼니스트 토머스 프리드먼은 나라를 위해 희생하는 군인(미군)을 가리켜 "지금까지 다수가 소수에게 이렇게 많은 것을 부탁한 적이 없고, 소수가 다수에게 이토록 많은 것을 베풀고 그 대가를 이렇게 적게 요구한 적이 없다."고 찬사를 보냈다. 세계 최강국 미국의 힘이 어디서 어떻게 오는지 우리는 새삼 살펴야 한다.

오늘날 우리 한국은 일본과 중국, 러시아 등 주변국들로부터 우리 영해는 물론 영공(領空)까지 위협받고 있다. 합동참모본부가 국회 국방위에 제출한 자료에 따르면 2008년 이후 이들 3개국이 자행한 영해 · 영공 위협은 622 차례나 된다. 이 가운데 71%인 442건은 일본이 저질렀다. 일본 순시선이 독도 인근 작전인가구역(AAO)을 침범한 것이 440건이고, 항공기의 한국방공식별구역(KADIZ) 무단침입도 2건이나 된다. 중국 관공선이나 함정, 관용기의 이어도 침범도 140건이나 된다. 러시아도 40차례 KADIZ를 침범했다 지난달 21일 일본 해상자위대 소속 4,200 톤급 구축함의 독도 출현은 직접적인 심각한 문제였다. 함정에 탑재된 헬기는 KADIZ까지 침범했다. KADIZ는 사전 허가 없이 다른 나라 항공기가 들어올 수 없는 국제준수 규정이다. AAO의 경우 국제법적으로 무해통항권(無害通航權)이 보장되는 공해(公海)여서 특별한 대응을 하기 어렵다는 게 당국의 설명이다. 관공선이나 군함이 우리나라 근해에 들어와 도발에 준하는 무력시위를 벌이는데 팔짱만 끼고 있다는 것은 어불성설이다.

"국가를 지키는 일은 모두 선(善)이다." 일찍이 마키아벨리가 한 말이다. 지금 우리 모두가 걱정하고 준비해야 할 급선무는 무엇인가?! 버드 비숍 여사의 조사 분석과 최남선의 대예언(大預言)을 마음에 깊이 받아들이고, 이순신 장군이 필사적으로 거북선을 건조한 국가수호의 애국심을 본받아 해양방어(안보력)을 증강시켜 국가를 지키는 선(善)을 일으키는 일 일 것임을 거듭 지적해 둔다.

참고문헌

孫兌鉉, 『韓國 海運史』, 財團法人 韓國船舶 問題硏究所, 1982.

정문수, 「8~9세기 해로의 활성화의 지중해 해상교역」, 韓國航海港灣學會, 1983.

방희석 · 이충배, 「우리나라 港灣管理構造 개선방향」, 韓國港灣經濟學會 第4輯, 1988.

이종서 · 허영란, 『울산항의 역사』, 울산항만공사, 2000.

차기정부의 해양강국을 실현을 위한 정책 토론회, 바다와 경제 국회포럼, 2012.

이철영 · 여기태, 「국제물류에 있어서 제3자물류의 실태 및 과제」, 韓國港灣學會 第13券, 1999.

신재영 · 곽규석 · 남기찬, 「효율적인 컨테이너 터미널 선적 계획을 위한 의사결정 지원시스템」, 韓國港灣學會 第13券, 1999.

김학소, 「해양플랜트산업, 건조 넘어 서비스로 나아가야」, Offshore Insight Voloi, 2012.06.04)

정봉민, 「港灣産業의 國民經濟的 寄與度分析」, 韓國港灣經濟學會, 1999.

이정환 · 최재선 · 김민수, 『해양 · 정책 · 미래』, 블루앤노트, 2010.

권철남, 『중국의 두만강지역 협력개발 기획 요강』, 연변대학교, 2010.

이은철, 『두만강 하류(물류에 대하여)』, 연변대학교, 2010.

최재선 등 9名, 『해양플랜트 서비스산업 전문인력 양성 기본 계획수립을 위한 연구』, 국토해양부, 2011.

김종배, 『해양신재생 에너지개발의 현황과 전망』, 현대중공업(주).

김태희 · 손호재 · 박창수, 『해양플랜트공학』, 신학출판사, 2011.

박용안, 『바다의 과학』, 서울대학교 출판부, 1989.
윤연, 「중국 항공모함 바라크를 바라보며, 제주해군기지를 생각한다」, 玉浦·海軍士官學校 同窓會, 第 88호, 2011.
이춘근, 「남방해로의 중요성과 제주도 해군기지」, 韓國海洋戰略硏究所, No 44, 2011.
Ian storey, 「Naval Modernsation in china Japan and South-Korea Contrasts and Comparison」(중국, 일본, 한국의 해군현대화 비교), 韓國海洋戰略硏究所, No 37, 1997.
村田良平, 『海力 日本の 將來を 決める』(이주하 역), 청어, 2008.

저자 소개

김동수(金東洙)

· 1937 생
· 1957 한국해양대학교 기관학과 제13기(1961년 졸업)
· 1979 동아대학교 대학원(경영학 박사, 1988)

· 관세청(사무관), 부산세관, 서울세관, 인천세관 등 근무(1961~1977)
· 현대자동차(자재계획부장)(1977~1980)
· 부산대학교, 동 경영대학원, 동아대학교 경성대학교 및 동 무역대학원, 한국해양대학교에서 무역학 강의(1968~ 1984)
· 경상일보, 객원 논설위원(1988~1997)
· 동아시아 Interregional conference 대표(1982~1994)
· 울산포럼 대표(1994~현재)
· 울산광역시 정책자문위원(1998~2004)
· 울산항만공사 항만위원회 위원장(2007~2009)
· 울산, 대동관세사무소(1981~현재)

☐ 주요저서

『무역상품학』(한국관세협회, 1982), 『무역행정론』(한국관세협회, 1983), 『무역경영논설집』(한국관세사회, 1987), 『국제상품분류제도에 관한 연구』(박사논문, 1991), 『기술개발이념(상품혁신)』(法文社, 1996), 『이것 보고 저것 듣고』(제일출판, 2002) 등